创意人气冰咖啡

アイスコーヒー 123款

日本旭屋出版 CAFERES 编辑部 编著　**佟 凡** 译

中国轻工业出版社

创意冰咖啡
005

1　白与黑 …006
2　蜂蜜冰咖啡 …008
3　冰咖啡 …010
4　冰滴咖啡 …012
5　浓缩咖啡日落 …014
6　ESP俄罗斯 …015
7　冰橙巧克力咖啡 …016
8　巴伦西亚咖啡 …017
9　橙香 …018
10　柠檬咖啡 …019
11　芝士咖啡 …020
12　焦糖维也纳咖啡 …021
13　浓缩咖啡椰林飘香 …022
14　维也纳冷萃咖啡马尼丁 …023
15　咖啡花茶 …024
16　冰激凌冷萃咖啡 …025
17　冰滴咖啡 …026
18　黑色W …027
19　氮气冷萃咖啡 …028
20　泡沫冷萃咖啡 …029
21　冰摇咖啡 …030
22　威士忌桶酿冰咖啡 …031
23　冰长黑 …032
24　冰澳式黑咖啡 …033
25　红眼 …034
26　冰浓缩咖啡 …035
27　水果冰咖啡 …036
28　琥珀女王 …037
29　雪咖啡 …038
30　亚历山大咖啡 …039
31　冰维也纳咖啡 …040

苏打咖啡
041

32　桃味埃塞俄比亚浓缩咖啡气泡水 …042
33　百香果浓缩咖啡气泡水 …043
34　咖啡莫吉托 …044
35　咖啡苏打莫吉托 …045
36　咖啡莓果气泡水 …046
37　咖啡桑格利亚汽酒 …047
38　冷萃咖啡汤力水 …048
39　李子咖啡汤力水 …049
40　柑橘浓缩咖啡气泡水 …050
41　尼约尔气泡啤酒 …051
42　蓝果忍冬果冻应季浓缩咖啡汤力水 …052
43　浓缩咖啡汤力水 …053
44　咖啡汤力水 …054
45　柠檬浓缩咖啡气泡水 …055
46　橙子浓缩咖啡气泡水 …056
47　葡萄浓缩咖啡气泡水 …057
48　姜汁汽水冷萃咖啡 …058
49　酸橙浓缩咖啡汤力水 …059
50　酒香浓缩咖啡汤力水 …060
51　夏日浓缩咖啡汤力水 …061
52　意式浓缩汤力水 …062

53 冷萃咖啡汤力水 …063
54 西洋接骨木浓缩苏打 …064
55 埃斯波尼克 …065
56 南国浓缩咖啡气泡水 …066
57 浓缩咖啡苏打水 …067
58 姜汁汽水茶云 …068

牛奶咖啡
069

59 草莓拿铁珍珠奶茶 …070
60 抹茶拿铁 …071
61 巧克力抹茶拿铁 …072
62 焙茶拿铁 …073
63 黑印度奶茶 …074
64 香料杏仁拿铁 …075
65 绿豆蔻拿铁 …076
66 薄荷拿铁 …077
67 黑莓冰拿铁 …078
68 和三盆冰拿铁 …079
69 成年人的焦糖拿铁 …080
70 焦糖拿铁 …081
71 焦糖意式冰激凌拿铁 …082
72 巧克力拿铁 …083
73 双倍拉杆拿铁 …084
74 榛香冰摩卡 …085
75 冰摩卡 …086
76 香蕉 …087
77 蕉香欧蕾 …088
78 果冻欧蕾 …089
79 焦糖白巧克力冰卡布奇诺 …090
80 黑芝麻马斯卡彭芝士冰卡布奇诺 …091
81 渐变抹茶拿铁 …092
82 焦糖冰拿铁 …093
83 浓缩咖啡果冻拿铁 …094
84 冰咖啡拿铁 …095
85 绿豆蔻牛奶咖啡 …096
86 滴滤冰咖啡欧蕾 …097
87 焦糖欧蕾 …098
88 咖啡欧蕾·岛 …099
89 杏仁咖啡 …100
90 榛子摩卡 …101
91 果冻牛奶咖啡 …102
92 冰豆咖啡 …103
93 巧克力冰卡布奇诺 …104

冰摇咖啡
105

94 冰摇咖啡 …106
95 冰摇摩卡咖啡 …108
96 马萨拉冰摇咖啡 …109
97 果香冰摇咖啡 …110

甜品咖啡
111

98 浓缩咖啡格兰尼它 …112
99 幸运阿波罗奶昔 …114
100 莓果冰冻摩卡 …115
101 咖啡香蕉奶昔 …116
102 浓缩咖啡奶油香蕉奶昔 …117
103 红豆咖啡冰沙 …118
104 雪顶焦糖拿铁 …119
105 橙味咖啡奶昔 …120
106 香蕉摩卡奶昔 …121
107 浓缩咖啡冰沙 …122
108 巧克力脆饼咖啡刨冰 …123
109 阿芙佳朵 …124
110 香草冰激凌咖啡 …125
111 冰冻布丁 …126
112 咖啡蜜 …127
113 坚果黄油雪顶咖啡 …128
114 焦糖雪顶咖啡 …129
115 雪顶氮气冷萃咖啡 …130
116 拿铁冰激凌咖啡 …131
117 格兰尼它咖啡冰沙 …132

无酒精
鸡尾酒咖啡
133

118 豆荚 …134
119 西瓜咖啡 …136
120 香草美式 …138
121 坚果阿芙佳朵 …140
122 无酒精姜汁咖啡 …142
123 醋味冰摇咖啡 …144

店铺信息 …146

本书说明

◆本书由日本咖啡饮食生活杂志《CAFERES》（月刊）2017年6月刊、2018年7
 月刊、2019年6月刊、7月刊、11月刊、12月刊内容经过修改，加入新内容后编
 辑而成。

◆书中介绍的冰咖啡包括店铺中暂不提供或者按季节限时提供的产品。

◆做法中标记"适量"的材料请根据喜好加入。根据杯子的容量不同，需要调整
 用量。

◆店铺的营业时间和休息日是2020年4月的信息。

创意冰咖啡

Iced Coffee

广受欢迎的冰咖啡。

本章将介绍31款运用手冲、冷萃、蒸馏等不同萃取方法制作的冰咖啡，

还加入了果子露、水果、奶油等食材进行了改良。

白与黑

只卖咖啡的店（珈琲だけの店 Café de l'ambre）

为不喜欢咖啡的客人制作
像甜品一样的改良咖啡

　　东京银座"只卖咖啡的店"的招牌饮品之一，开店至今一直在售的改良咖啡"白与黑"，法语为"blanc et noir"，表示冰咖啡和盖在咖啡上的淡奶。

　　咖啡和淡奶的比重不同，呈现出美丽的双层效果。咖啡中加入了白砂糖，比重变大，自然而然地与淡奶分成两层。淡奶是无糖的，考虑到使用鲜奶油会增加乳脂含量，无法体现出咖啡的品质，因此使用了淡奶。

　　这款产品原本是为不喝咖啡的客人提供的，现在却成了人气很高的饮品，它的味道更像是一道甜品。据说这款产品不仅在夏天，全年都很受欢迎。

< 材料（1杯）>
咖啡豆（微中烘焙、中粉）18g
咖啡（萃取量）50mL
白砂糖 2小勺
淡奶 适量

< 做法 >

1. 将研磨好的咖啡粉放入滤网中，往中间慢慢倒入85℃的热水，水流要细，然后向外画圈倒水。不要移动拿水壶的手，而要移动拿滤网的手。

2. 冲泡第一杯咖啡时闷蒸咖啡粉，咖啡滴入滤杯后再次倒入热水，反复操作，达到萃取量。

3. 在萃取出的咖啡中加入白砂糖，搅拌均匀。

4. 将咖啡倒入调酒器中，将调酒器放在冰块上，左右晃动，直至双手能感受到调酒器彻底冷却为止。

5. 将香槟杯事先放入冰箱冷却，取出后倒入咖啡。如咖啡表面有气泡，可以用牙签等工具戳破。

6. 沿玻璃杯边缘在咖啡上缓缓倒入淡奶。

这款产品使用的是以哥伦比亚咖啡豆为基础，加入坦桑尼亚、埃塞俄比亚、肯尼亚和巴西咖啡豆的5种豆子混合研磨而成的咖啡粉。

蜂蜜冰咖啡

巴赫咖啡（カフェ·バッハ Café Bach）

在玻璃杯中放入冰块，与咖啡、牛奶一起上桌，让客人自己倒入咖啡，最好沿着冰块倒入咖啡。巴赫咖啡会将制冰机制成的冰块放入单独的冷库里再次冷冻，保证冰块不会在冰咖啡喝完前融化。

蜂蜜柔和的甜味
能够凸显出咖啡的风味

巴赫咖啡夏季供应的"蜂蜜冰咖啡"是萃取深度烘焙、苦味浓郁的混合咖啡，与蜂蜜混合制成的。

巴赫咖啡的冰咖啡基本不会加入甜味，店主为了增加咖啡品种，想出了蜂蜜冰咖啡这款饮品。由于蜂蜜在冰咖啡里不易溶化，所以要在咖啡较热时混合，最后加冰冷却。为了避免加入的蜂蜜盖过咖啡的风味，重点是要使用没有特殊味道的蜂蜜。

咖啡要磨到比平时更细的程度，增加粉量。用温度较高的热水、较细的水流萃取，减少萃取量。考虑到需要用冰块稀释并且与蜂蜜混合，萃取时要注意萃取高浓度的咖啡。

< 材料（1杯）>

咖啡豆（深烘焙、中细粉）16g
咖啡（萃取量）100mL
蜂蜜 1大勺
冰块 适量
牛奶 适量

< 做法 >

1. 将滤纸放在滤杯上，倒入研磨好的咖啡粉。轻敲滤杯，铺平咖啡粉。
2. 用88℃的热水从中心向外画圈倒入，水量保证浸湿全部咖啡粉。注意不要让热水浸湿贴在杯壁上的滤纸。
3. 闷蒸30秒，理想状态下咖啡粉上方会膨胀成球形。
4. 再次用细水流从中心向外画圈倒水。
5. 咖啡粉中心凹陷后，继续画圈倒入热水，反复操作达到萃取量。
6. 在小锅中加入1大勺蜂蜜，倒入萃取出的咖啡，开火并搅拌均匀，将咖啡倒入杯中。与加冰块的玻璃杯、牛奶一起提供给客人。

这款产品使用的是以意式烘焙为基础，冰咖啡专用的深烘焙咖啡粉，是以巴西咖啡豆为主，混合了肯尼亚、印度等地的咖啡豆研磨而成。

Iced Coffee

3

Iced Coffee

冰咖啡

咖啡专卖店 东亚（珈琲専門店 東亜）

奶油泡泡制造新感觉！
口感和味道都深受好评

1959年创立的托亚咖啡（Toa-coffee）一直是高品质咖啡的象征，主要从事咖啡豆的选购、烘焙和销售，从2000年开始为精品咖啡和咖啡豆比赛提供咖啡豆，并一直从全世界优秀的生产者手中选购优质咖啡豆。

"咖啡专卖店 东亚"是托亚咖啡旗下的专营店，于1980年开业，提供的高品质咖啡及原创冰咖啡深受客人喜爱。2013年，真壁晋一店长开发的这款"冰咖啡"也是其中之一。店长的目标是制作出口感好的冰咖啡，于是他使用了调酒器和托亚咖啡自创的滤杯，它能像法式滤压壶一样萃取出咖啡油。加入蜂蜜的树胶糖浆风味独特，能凸显出咖啡的香味。

< 材料（1杯）>
咖啡豆（深烘焙、细粉）12g
咖啡（萃取量）100mL
冰块 3个
树胶糖浆（含蜂蜜）适量
鲜奶油 适量

< 做法 >

1. 在滤杯上放好圆锥形滤纸，倒入研磨好的细粉，铺平表面，让中心微微凹陷。

2. 在咖啡粉中央倒入热水，让热水浸泡全部粉末，闷蒸45秒，充分激发出咖啡粉的味道。

3. 从中间向四周缓慢倒入热水，分4次萃取100mL咖啡。

4. 在调酒器中加入冰块，倒入萃取出的咖啡，摇匀。

5. 缓缓将咖啡倒入事先在冰箱中冷藏过的玻璃杯中。搭配树胶糖浆和鲜奶油上桌。

这款产品使用了用备长炭烘烤的深烘焙"手冲炭烧咖啡"，它是由巴西、危地马拉、尼加拉瓜、萨尔瓦多咖啡豆混合研磨而成，特点是苦味浓郁、后味甘甜。

冰滴咖啡

咖啡专卖店 东亚（珈琲専門店 東亜）

在以男性客人为主的时代，
设计一款女性喜爱的饮品

这款饮品从1975年开始销售，是一款销量始终出色的冰咖啡。据说当时咖啡店的客人以男性为主，冰咖啡大多苦味较重。在这样的情况下，董事长浅野孝介先生想出了这款讨女性欢心的"冰滴咖啡"。

调味方面使用了冷萃咖啡的方式，调出清爽的味道，再加入糖浆增加甜味，更容易入口。另外，外形上也做成了女性喜欢的样子。使用了鸡尾酒专用玻璃杯，下层杯中倒入用糖浆染成蓝色的水，与上层的冰咖啡和鲜奶油形成对比，视觉效果艳丽。除了冰咖啡的美味，像鸡尾酒一样华丽的外形成为这款饮品的附加值，多年来始终能够抓住客人的心。

< 材料（1杯）>

冰滴咖啡※ 110mL   刨冰糖浆 适量
糖浆 10mL   纯净水 适量
鲜奶油 15mL   冰块 适量

< 做法 >

1. 使用两个能重合在一起的鸡尾酒杯。在下层杯中倒入刨冰糖浆、冰块和纯净水，将上层杯子放好，倒入加糖浆的冰滴咖啡。
2. 将咖啡和糖浆搅拌均匀，咖啡比重变大，用勺子在表面倒入鲜奶油。

※ 冰滴咖啡
< 材料（制作1次的量）>

咖啡豆（深烘焙、细粉）50g
纯净水 500mL

< 做法 >

1. 将滤纸贴在过滤器上（化纤滤纸使用后，可用加入专用漂白剂的热水煮沸，洗净后浸泡在纯净水里，冷藏保存）。
2. 将洗净后的滤纸和过滤器放入上壶中，倒入细粉（见图1）。
3. 用木刮刀按压粉末，铺平表面，用剪成圆形的滤纸盖住咖啡粉。这样可以使水浸透全部粉末，避免集中在一点（见图2）。
4. 将上壶和加入500mL水的烧瓶放在一起，旋转龙头调节水量，以3秒滴一滴水为准（见图3）。
5. 萃取6小时，咖啡萃取量为450mL。夏天可以使用100g咖啡豆和1L纯净水，萃取一整晚，萃取量为940mL（见图4）。

5

浓缩咖啡日落

科尼利奥 (Coniglio)

< 材料（1杯）>
浓缩咖啡 30mL
橙汁（100%果汁）
130mL
石榴糖浆 10mL
柠檬糖浆 15mL
冰块（不规则形状）适量
橙子干 1片

< 做法 >
1. 取20g中深烘焙的混合咖啡豆，萃取30mL浓缩咖啡。
2. 杯子里放入冰块，缓缓倒入石榴糖浆、柠檬糖浆和橙汁。
3. 倒入浓缩咖啡，用橙子干装饰。

外形美观，
像鸡尾酒一样的改良咖啡

灵感来源于龙舌兰日出，像鸡尾酒一样的改良冰咖啡。推荐使用浅烘焙至中深烘焙范围内的浓缩咖啡，适合搭配橙汁，要使用纯果汁，与浓缩咖啡的苦味搭配更和谐。

Point

红色的石榴糖浆、黄色的橙汁与棕色的浓缩咖啡层次分明。重点是倒入液体时动作要缓慢。

6

ESP俄罗斯

科尼利奥（Coniglio）

< 材料（1杯）>

浓缩咖啡 30mL　　　　白砂糖 5g
鲜奶油 30mL　　　　　冰球 1个

< 做法 >

1. 取20g中深烘焙的混合咖啡豆，萃取
   30mL浓缩咖啡。
2. 在鲜奶油中加入白砂糖，轻轻打发。
3. 杯子里放入冰球，倒入浓缩咖啡，然
   后缓慢倒入鲜奶油。

简单改良，
能够感受到浓缩咖啡的本味

　　受到由伏特加和咖啡利口酒做成的鸡尾酒"白
色俄罗斯"的启发而制成。鲜奶油打发到能勾起的
程度，口感顺滑。饮用时，下层的浓缩咖啡穿过鲜
奶油后进入口中，浓郁的苦味令人感到舒适，还带
有鲜奶油微微的甜味。

Point

为了让鲜奶油口
感更丝滑，注意
不要完全打发。

冰橙巧克力咖啡

里鹏咖啡 大须店（CAFE LE PIN 大须店）

< 材料（1杯）>
浓缩咖啡 50mL
蒸汽牛奶 70mL
橙子苏打 30mL
橘皮果酱 1大勺
碎冰 适量
巧克力（大粒）1小勺

< 做法 >
1. 用7g深烘焙混合咖啡豆萃取50mL浓缩咖啡，与橙子苏打混合均匀。
2. 将橘皮果酱放入杯底，加入碎冰。倒入浓缩咖啡，然后倒满凝固的蒸汽牛奶。
3. 点缀巧克力。

凝固后的蒸汽牛奶、浓缩咖啡和橘皮果酱形成三层

颇受欢迎的一款应季产品。高脚杯中分三层，分别是橘皮果酱、橙子苏打和浓缩咖啡的混合液以及蒸汽牛奶。蒸汽牛奶比普通牛奶硬一些，可以保证三层液体不互相融合，点缀的巧克力也不会沉下去。

Point

深烘焙浓缩咖啡口感浓郁，苦中带甜，与带有柑橘香味、清爽的橙子苏打结合，打造出富有夏日气息的轻盈感觉。

巴伦西亚咖啡

斯特拉达咖啡（CAFFE STRADA）

< 材料（1杯）>

浓缩咖啡 1份（约16mL，
使用9g咖啡豆）
橙子糖浆 25mL
橙汁（100%果汁）25mL
水 120mL
冰块 适量
打发奶油（7分发）2大勺
薄荷 1枝
橙皮 适量
肉桂粉 少许

< 做法 >

1. 将橙子糖浆和橙汁倒入
   杯中，搅拌均匀。
2. 放入冰块，放至八分
   满，加水搅拌。
3. 从上面倒入浓缩咖啡，
   用打发奶油、薄荷、橙
   皮、肉桂粉装饰。

有橙子风味的美式咖啡

利用橙子糖浆让两部分层次分明，外形美
观的美式咖啡。加水能让味道更加清爽，有水
果的清香，适合在炎热的夏天开怀畅饮。选用
含水量较高的橙子的橙皮，让味道更加鲜明。

Point

为了让饮料层次
分明，重点是要
充分搅拌加糖
的橙子糖浆。另
外，要缓缓倒入
浓缩咖啡。

橙香

咖啡诺托（CAFENOTO COFFEE）

< 材料（1杯）>
冷萃咖啡※ 180mL
橙子 2片
橙汁 少许
树胶糖浆 少许
冰块 5个

< 做法 >

1. 沿杯壁倒入橙汁，增加香味。
2. 倒入少许树胶糖浆。
3. 将一片橙子放入杯底，轻轻压碎。
4. 在杯中放入冰块，倒入冷萃咖啡。
5. 用另一片橙子装饰。

※ 冷萃咖啡
< 材料（制作1次的量）>
滴滤咖啡包（以哥伦比亚咖啡豆为基础，中烘焙至中深烘焙混合咖啡豆63g，中细粉）1个
水 1L

< 做法 >

1. 在密闭容器中放入滴滤咖啡包，倒水。
2. 在冰箱中静置8~12小时，取出滴滤咖啡包。

享受咖啡和水果的结合

　　开发这款冰咖啡的原因是店主希望客人能体会到精品咖啡中含有水果的酸味。水果选择了橙子，在杯中挤入橙汁，让整杯冰咖啡散发出橙子的芬芳。为了强调水果的香气，加入了少许树胶糖浆提味。

Point

为了强调精品咖啡豆本身的味道和风味，选择了冷萃咖啡，让橙子清爽的酸味和咖啡融为一体。

10

柠檬咖啡

托基罗咖啡（tokiiro coffee）

< 材料（1杯）>

滴滤咖啡 140mL
蜂蜜柠檬糖浆 30mL
冰块 适量
柠檬 1片

< 做法 >

1. 用20g浅烘焙肯尼亚咖啡豆萃取140mL滴滤咖啡。
2. 用打蛋机将滴滤咖啡和蜂蜜柠檬糖浆搅拌均匀。
3. 在玻璃杯中放入冰块，倒入咖啡，最上方点缀柠檬片。

浅烘焙咖啡搭配柠檬，像冰茶一样清爽

用滴滤的方式萃取带有水果风味的浅烘焙肯尼亚咖啡豆，混合加入了蜂蜜的自制柠檬糖浆，最上方浮起一片日本产柠檬。清爽的味道颠覆了人们对咖啡的印象，很多客人都迷上了这款产品。

Point

用自制蜂蜜柠檬糖浆衬托出浅烘焙咖啡原有的风味。因为冷却后甜味不明显，所以使用的糖浆分量比热咖啡更多。

11

芝士咖啡

舵咖啡（RUDDER COFFEE）

< 材料（1杯）>

冷萃咖啡※ 150mL
芝士苏打 90mL
冰块 适量

※ 使用深烘焙混合咖啡豆，以哥伦比亚、
　巴西咖啡豆为主。

< 做法 >

1. 咖啡粉和水以1：15的比例萃取冷萃咖啡，用时10小时，萃取后冷却。
2. 冰块敲成碎冰后放入杯中，倒入咖啡。
3. 倒入芝士苏打。

芝士和咖啡打造的新感觉饮品

　　深烘焙咖啡浓郁的味道和芝士的风味搭配得当。咖啡的苦味令人身心舒畅，后味清爽。特意没有插吸管，是为了让客人首先品尝芝士的奶味，然后享受混合后的味道变化。

Point

自制芝士苏打是用鲜奶油、炼乳和少量岩盐混合制成。加入岩盐可以避免芝士苏打味道过重，能够保持平衡。

焦糖维也纳咖啡

里鹏咖啡 大须店
（CAFE LE PIN 大须店）

< 材料（1杯）>

滴滤咖啡 150mL

碎冰 适量

打发奶油 90g（容量30g的冰激凌勺3勺）

焦糖苏打 适量

< 做法 >

1. 在玻璃杯中放入碎冰，倒入事先萃取
   并冷却的滴滤咖啡。
2. 用冰激凌勺将打发奶油盖在咖啡上，
   倒入焦糖苏打。

精髓在于深烘焙咖啡和丰富的配料味道形成的对比

使用深烘焙混合咖啡豆萃取出的咖啡分量感十足，味道微苦。在此基础上加入打发奶油和焦糖苏打，让味道更加丰富。咖啡没有加糖，可以根据个人口味增加上层的焦糖苏打。

Point

使用了乳脂含量高的打发奶油，味道和分量都不输给咖啡。用冰激凌勺盛装，分量不会出现差错，和挤出的奶油不同，带有别具一格的传统风格。

浓缩咖啡椰林飘香

城堡（CITADEL）

< 材料（1杯）>

浓缩咖啡 30mL
凤梨汁 60mL
橙汁 30mL
椰奶 45mL
焦糖糖浆 20mL
冰块 适量
碎冰 适量
酸橙干 1片
橙子干 1片
薄荷 1枝

< 做法 >

1. 取21g中烘焙混合咖啡豆，萃取30mL浓缩咖啡。放入冰箱冷却，让泡沫沉淀。
2. 将浓缩咖啡、凤梨汁、橙汁、椰奶、焦糖糖浆放入调酒器中，加入碎冰一起摇晃。
3. 倒入玻璃杯中，泡沫沉淀后放入冰块，点缀酸橙干、橙子干和薄荷。

极具热带风情的
改良浓缩咖啡

　　用中烘焙咖啡豆冲泡出的浓缩咖啡有水果风味，用凤梨汁和橙汁衬托提味。焦糖糖浆的甜味和浓缩咖啡的苦味搭配和谐，椰奶的味道弥漫着热带风情，同时增加了味道的层次感。

Point

萃取出的浓缩咖啡摇晃后容易产生大量泡沫，所以要冷却后再摇动。几种液体容易混合，只需轻轻摇晃即可。

14

Iced Coffee

维也纳冷萃咖啡马尼丁

城堡（CITADEL）

< 材料（1杯）>

冷萃咖啡 30mL
蔓越莓糖浆 45mL
柠檬糖浆 15mL
薰衣草糖浆 5mL
冰块 适量
柠檬干 1片

< 做法 >

1. 在搅拌杯中放入冰块、冷萃咖啡、蔓越莓糖浆、柠檬糖浆、薰衣草糖浆，搅拌均匀。
2. 在玻璃杯中放入冰块，倒入咖啡，点缀柠檬干使外观显得华丽，饮用时能感受到隐约的水果芬芳。

清爽的感觉能让人忘记这是咖啡

精髓在于自制的柠檬糖浆让冷萃咖啡清爽的味道得到升华。相对于咖啡的苦味，更加突显出酸味和甜味，更像果汁。加入薰衣草糖浆，从第一口就能品尝到果实的芬芳和丰富的口味。

Point

冷萃咖啡使用浸透式萃取，使用中烘焙咖啡豆，豆子与水的比例为1：10，在冰箱中放置24小时后萃取。

咖啡花茶

利洛咖啡 喫茶
（LiLo Coffee Kissa）

< 材料（1杯）>

热水 100mL
咖啡花茶（茶叶）2.5g
柠檬糖浆 5mL
柠檬 1片
冰块 适量

< 做法 >

1. 在滤压壶中倒入热水。
2. 放入咖啡花茶（茶叶），摇晃两三次后搅拌均匀。萃取3分30秒。
3. 在玻璃杯中放入柠檬糖浆、柠檬片和冰块，倒入咖啡。

让人们知道
咖啡树会开花

　　很多人都知道咖啡树会结出红色的果实，可令人意外的是，很少有人知道咖啡树会开花，咖啡花还能做成饮料。店主为了让大家了解这些，于是将这款饮品放入了菜单里。为了保留咖啡花与茉莉花相似的清爽风味，咖啡中加入了自制糖浆，增加了些许甜味。

Point

用咖啡花做成的花茶（茶叶）来自日本鹿儿岛德之道农园"宫出咖啡园"。

16

Iced Coffee

冰激凌冷萃咖啡

利洛咖啡 喫茶
(LiLo Coffee Kissa)

< 材料（1杯）>
冷萃咖啡 150mL
冰块 适量
香草冰激凌 1勺

< 做法 >
1. 玻璃杯中放入冰块。
2. 倒入萃取后放入冰箱
   冷藏的冷萃咖啡。
3. 放上香草冰激凌。

多加一道工序的冷萃咖啡
和自制冰激凌的组合

为了突出咖啡豆的味道，店主认为只用冷萃方式萃取并不充分，于是使用了先用热水闷蒸咖啡粉后再萃取的方法，使用的是深烘焙埃塞俄比亚阿瑞查咖啡豆。香草冰激凌是店里和甜品一起开发的原创冰激凌，"不会有损咖啡的风味，直接吃同样美味"。

Point

在咖啡机里放入咖啡粉，倒5次97℃的热水闷蒸，开启冷萃功能。

冰滴咖啡

尼约尔咖啡（NIYOL COFFEE）

< 材料（1杯）>
冰滴咖啡 120mL
冰块 适量

< 做法 >

1. 取45g咖啡豆，加入600mL水，萃取500mL冰滴咖啡，萃取时间为6小时。

2. 将120mL冰滴咖啡倒入加冰块的玻璃杯中。

加入冰块，
品尝第一杯咖啡的味道

冰滴咖啡在日本很少见，需要用外国制造的滴滤式冷萃工具萃取。与浸透式萃取相比，滴滤式的冷萃方式能让咖啡的苦味、酸味和甜味更加分明，在追求冷硬派冰咖啡的人群中深受好评。和威士忌一样，加冰后能让香味更加浓郁。

Point

这款滴滤式冷萃工具是店主通过住在韩国的朋友，从韩国厂家购入的。每天，两台工具只能做出1L咖啡，所以限量供应。

18

Iced Coffee

黑色W

普雷斯托咖啡（presto coffee）

< 材料（1杯）>

浓缩咖啡 60mL
冷萃咖啡 150mL
冰块（调酒器用）适量
冰块 4个

< 做法 >

1. 使用22g中深烘焙混合咖啡豆，萃取60mL浓缩咖啡。
2. 将浓缩咖啡和冰块（调酒器用）放入调酒器中摇晃。
3. 在玻璃杯中加入冰块和事先萃取好的冷萃咖啡，然后倒入浓缩咖啡。

冷萃咖啡与冰摇咖啡合体！
像黑啤一样的外观备受关注

　　这款冰咖啡曾因为"像黑啤一样"而引发热议，清澈通透的冷萃咖啡中倒入用调酒器调好的冰摇浓缩咖啡，是用两种风格、不同萃取方式的咖啡做出的一款有层次感的饮品。

Point

用调酒器摇出的泡沫就像啤酒泡沫一样。能够同时品尝到冷萃咖啡的清爽和冰摇咖啡带来的满足感。

19

氮气冷萃咖啡

树干咖啡与精酿啤酒
（TRUNK COFFEE & CRAFT BEER）

清爽中凸显出
咖啡豆顺滑的口感和甜味

　　在冷萃咖啡中注入氮气，在客人面前倒入玻璃杯中。每天使用不同的自制咖啡豆，本书采访时使用的是非洲产的布隆迪扬达鲁咖啡豆，特点是带有柑橘的酸味和黑糖般的甜味。氮气让咖啡的顺滑口感和甜味更加突出，并且加入了清爽的口感。加入波本酒、黑朗姆酒调成的鸡尾酒咖啡也颇受好评。

泡沫冷萃咖啡

古德曼咖啡（Goodman Coffee）

太阳下山后来一杯，就像在喝黑啤酒。
绵密的泡沫口感顺滑

　　使用专用咖啡杯，冰咖啡上浮着一层泡沫的"泡沫冷萃咖啡"。因其稀有及温和的味道广受好评，成为人气饮品。苦味的冰咖啡和奶油味的泡沫一起入口，能够让人感受到神奇的甘甜滋味。推荐不用吸管，直接从泡沫开始饮用。使用冰咖啡专用、意式深烘焙巴西、印尼曼特宁、罗布斯塔混合咖啡豆。

冰摇咖啡

中立咖啡（NEUTRAL COFFEE）

通过摇晃，
让泡沫像啤酒泡沫的口感一样柔和

　　味道较浓的滴滤咖啡加冰，放入调酒器中摇晃制作。通过摇晃，让咖啡与空气融合，做出口感绵密的泡沫，味道温和顺滑。这款产品专为夏季开发，由于广受好评，便保留在了菜单上。使用冰咖啡专用中深烘焙原创混合咖啡豆"香醇顺滑混合咖啡豆"，能让人充分感受到咖啡豆的风味和芬芳，口感顺滑。

Iced Coffee

22 威士忌桶酿冰咖啡

星巴克甄选 东京
（スターバックス　リザーブ®ロースタリー　東京）

像加冰威士忌一样
充满新感觉的冰咖啡

　　使用在威士忌酒桶里发酵的咖啡豆萃取，带有威士忌香气的一款饮品，就像在喝加冰威士忌一样。随着冰块慢慢融化，咖啡的味道越来越柔和。桶酿咖啡里加入了发酵过的糖浆"桶酿香草糖浆"，增加甜味，让味道更加浓郁。

冰长黑

咖啡时间 西部
（THE coffee time WEST）

强调香气和酸味的咖啡

　　店主兼咖啡烘焙师野寺先生说："加冰后的咖啡香味最浓，使用特定的豆子，可以喝到美味的酸味。"将浸过冰水的玻璃杯装在咖啡机的萃取口下面，萃取出25mL浓缩咖啡，直接装进玻璃杯中，这样就像给浓缩咖啡加了盖子，容易保留香气。采访时，店里使用的咖啡豆是"多米尼加王女"，其特点是有草莓的香味。

冰澳式黑咖啡

拜伦湾面包咖啡
（Bun Coffee Byron Bay）

澳式黑咖啡给人硬朗
的感觉，能锁住香气

来自澳大利亚和新西兰的冰咖啡——澳式黑咖啡。杯子里预先放好冰块和水，让倒入的45~50mL浓缩咖啡迅速冷却。最后再放入冰块，既能保留泡沫，又能品尝到咖啡豆原本的香气。咖啡豆可以根据个人喜好，在以巴西咖啡豆为基础的深烘焙混合浓缩咖啡豆和以墨西哥咖啡豆为基础的阴生雨林混合咖啡豆中选择。

红眼

布鲁克林烘焙公司
（Brooklyn Roasting Company）

浓缩咖啡与滴滤咖啡组合，
醇厚浓郁

眼睛疲惫充血时，喝下它立刻就能神清气爽，这杯醇厚的咖啡因此而得名"红眼"。由浓缩咖啡、双份浓缩咖啡、滴滤咖啡混合制成。店里准备了大约20种丰富的咖啡豆，每天使用不同的豆子。有很多外国游客和对咖啡颇有研究的人前来品尝。

冰浓缩咖啡

咖啡店种子村
（Coffee stand seed village）

急速冷却后享用的浓缩咖啡，
可以品尝渐渐变化的滋味

　　苦味浓郁、酸味适宜的浓缩咖啡，加冰后上桌。随着冰块融化，味道渐渐变得温和，更容易入口。这款冰咖啡像威士忌一样，可以花很长时间慢慢品尝。使用重视浓郁程度的自制咖啡豆，由巴西咖啡豆、浅烘焙埃塞俄比亚咖啡豆以及危地马拉咖啡豆混合而成的"大名二路混合咖啡豆"，从后味中能够感受到豆子的甘甜。

水果冰咖啡

滴滤咖啡供应
（DRIP & DROP COFFEE SUPPLY）

随着时间的推移，
能够享受味道的变化

　　意想不到的咖啡水果组合，追求"外观"和"愉悦感"。玻璃杯里装满了由两种葡萄、橙子和薄荷冻成的水果冰。为了突出水果的味道，在杯底加入了化开的橘皮果酱和树胶糖浆。用咖啡壶盛装味道较浓的热咖啡，由客人亲自倒入玻璃杯中品尝。

Iced Coffee

28

Iced Coffee

琥珀女王

寄鹭馆（寄鷺館）

浓缩咖啡特有的香味和苦味，
用酒杯提供

　　使用制作冷萃咖啡的"浓混合咖啡豆"（使用25g咖啡豆，萃取50~60mL）。咖啡浓缩了香味和苦味，加入白砂糖后放入调酒器中，放在冰块上冷却至低于人体体温，倒入玻璃杯后加鲜奶油。用香槟杯提供，让客人像享用高档酒一样，一点一点含在口中品尝。"浓混合咖啡豆"使用了原创配方，用巴西、苏门答腊、乞力马扎罗、危地马拉咖啡豆混合制成。乞力马扎罗咖啡豆的酸味清爽，很适合做成冰咖啡。

雪咖啡
寄鹭馆（寄鸞館）

表现出如同雪花飘落般的清凉感

　　玻璃杯中撒白砂糖，倒入冷萃咖啡，然后加打发好的奶油、糖霜和肉桂糖。外观能让人联想到雪花，是一款梦幻、清凉的饮品。使用制作冷萃咖啡的"浓混合咖啡豆"，在咖啡粉上盖上冰块，等待冰块自然融化后萃取，口感清爽。

亚历山大咖啡

寄鹭馆（寄鸞館）

改良自芬芳的鸡尾酒，
是适合成年人的一款饮品

　　鸡尾酒"亚历山大"的配方白兰地、可可利口酒和鲜奶油，加入咖啡后改良而成的饮品。冷萃咖啡清澈的苦味与白兰地的香气、可可豆微苦的味道、鲜奶油醇厚的口感是绝妙的组合。为了发挥出咖啡细腻的风味，酒精使用量为普通鸡尾酒的一半。

31 冰维也纳咖啡

咖啡元年 中川总店（珈琲元年 中川本店）

膨松的奶油和
冷萃咖啡组成一款轻盈的饮品

　　口感清爽的冷萃咖啡上盖着一层膨松的奶油泡沫，口感轻盈柔和，在平时不习惯喝咖啡的女性客人中深受好评。随着奶油渐渐溶化在咖啡中，味道逐渐变得像拿铁一样醇厚顺滑。使用巴西和哥伦比亚咖啡豆混合的冷萃专用100%小果咖啡豆，法式烘焙。

苏打咖啡

Soda Arrange

从苏打咖啡中能品尝到爽快的滋味。
本章将介绍27款人气很高的新款苏打冰咖啡，
有些产品会使用薄荷、柑橘类水果进行改良。

桃味埃塞俄比亚浓缩咖啡气泡水

自家焙煎咖啡 みじんこ
（自家焙煎珈琲 みじんこ）

< 材料（1杯）>

浓缩咖啡[※1] 1份（30mL）
桃子酱A[※2] 20g
桃子酱B[※3] 50g
苏打水（无糖）100mL
酸奶冰 1块
桃子（罐头）1块
薄荷 1枝
冰块 5~7个

[※1] 使用21g埃塞俄比亚咖啡豆，萃取双份浓缩咖啡（60mL）。

[※2] 桃子酱（莫林牌 Monin）15g、桃子糖浆（莫林牌）5mL混合而成。

[※3] 白桃罐头100g、水蜜桃100g、桃子酱（莫林牌）5g、桃子糖浆（莫林牌）10mL，用手持搅拌棒搅拌制成。

< 做法 >

1. 在烈酒杯里放入桃子酱A和浓缩咖啡，用勺子搅拌均匀后倒入玻璃杯中。
2. 冰块按照从小到大的顺序依次放入杯中。
3. 另取一杯子，倒入桃子酱B和苏打水，用勺子搅拌均匀，然后缓缓倒入浓缩咖啡。
4. 依次点缀酸奶冰、桃子、少量桃子酱B（材料外），插入薄荷。

清爽的浓缩咖啡气泡水

桃子在各个年龄层中都颇受欢迎，这款产品以桃子为主题，是一款畅销的改良冰咖啡，也可以推荐给不习惯喝咖啡的客人。用桃子罐头和桃子酱调出香味。埃塞俄比亚咖啡豆带有柑橘的优质酸味和茶香，与口感柔和的桃子是绝配。

Point

桃子酱A（图右）和桃子酱B（图左），分别使用两种桃子酱，表现出桃子的香气和味道。桃子酱B也用来作为装饰。

百香果浓缩咖啡气泡水

自制烘焙咖啡 金鱼虫（自家焙煎珈琲 みじんこ）

< 材料（1杯）>

浓缩咖啡 40mL[1]
百香果酱（莫林牌）15mL
百香果糖浆（莫林牌）5mL
血橙汁 40mL
血橙果冻[2] 30g
苏打水（无糖）130mL
橙子味打发奶油[3] 1勺
薄荷 1枝
冰块 5~7个

[1] 使用21g自制咖啡豆2号和埃塞俄比亚混合咖啡豆，萃取双份浓缩咖啡（60mL）。
[2] 将300mL血橙汁和5g明胶混合，冷却后凝固，捣碎。
[3] 鲜奶油和白砂糖以10∶1的比例混合打发，与橙子啤酒混合制成。

< 做法 >

1. 将浓缩咖啡、百香果酱和百香果糖浆倒入杯中，搅拌均匀。
2. 另取一只杯子，倒入血橙汁、血橙果冻和苏打水，搅拌均匀。
3. 在玻璃杯中倒入咖啡，按照从小到大的顺序放入冰块，然后倒入血橙苏打水。
4. 装饰橙子味打发奶油，插入薄荷。

Point

百香果酱和百香果糖浆能分别引出甜味和香味，让饮品的味道层次分明。要注意加太多会导致整体味道失衡。

Point

先在杯底放入三四块小冰块，然后放入较大的冰块，让渐变的颜色更加美观。

集合夏季食材，具有热带风情的果冻饮品

百香果和咖啡的组合很少见，血橙汁的酸味和甜味将二者结合在一起。固体的果冻让口感更佳，能带来像冰激凌水果冻一样的满足感。适合对浓缩咖啡气泡水感兴趣却喝不惯咖啡的客人。

Point

将产自意大利西西里岛的血橙汁冷却、凝固成果冻，用叉子捣碎，富有弹性的口感很有趣。

34

咖啡莫吉托

斯特拉达咖啡（CAFFE STRADA）

< 材料（1杯）>
浓缩咖啡 1份（约16mL，使用9g咖啡豆）
苏打水（无糖）180mL
薄荷糖浆 25mL
冰块 适量
柠檬片 1片
薄荷 适量

< 做法 >
1. 在玻璃杯中倒入薄荷糖浆，加入4片撕开的薄荷叶，用搅拌棒捣碎。
2. 将冰块加满至杯口，倒入苏打水。
3. 分3次倒入浓缩咖啡，装饰柠檬片和薄荷。

带有薄荷风味的浓缩咖啡气泡水

咖啡师市原先生非常喜欢莫吉托，希望做出一款改良的咖啡莫吉托，于是这款产品诞生了。为了发挥薄荷的风味，萃取浓缩咖啡时施加的压力较小，关键在于快速萃取，撕碎薄荷叶能让它充分散发出香气。

Point

快速倒入会让苏打水产生反应并起泡，所以重点是分3次缓慢倒入浓缩咖啡。

咖啡苏打莫吉托

弗兰克咖啡研究室（Coffee LABO frank…）

< 材料（1杯）>

浓缩咖啡 1份（16~20mL，使用20~23g咖啡豆）
薄荷叶 15片
柠檬（或酸橙）1/2个
树胶糖浆 12g
苏打水 适量
碎冰 适量
薄荷（装饰用）1枝

< 做法 >

1. 在玻璃杯中加入薄荷叶、树胶糖浆，挤入柠檬汁。
2. 碾碎薄荷叶。
3. 加入碎冰。
4. 将苏打水加至九分满，搅拌均匀。
5. 倒入浓缩咖啡。
6. 点缀薄荷。

符合夏季的需求，
清凉的改良咖啡

使用酸橙做出的浓缩咖啡气泡水很受欢迎，于是店里开发出了这款新式改良冰咖啡。发挥薄荷、柠檬清爽的特点，是一款符合夏季需求的饮品。

Point

为了让薄荷的清凉感、柠檬果汁的酸味和浓缩咖啡的苦味完美融合，要注意调整树胶糖浆的用量。浓缩咖啡在最后倒入，能凸显出香气。

045

咖啡莓果气泡水

咖啡站28（COFFEE STAND 28）

< 材料（1杯）>

咖啡樱桃糖浆※ 30mL
苏打水 180mL
薄荷 1枝
冰块 3个

< 做法 >

1. 在杯中放入冰块，倒入咖啡
   莓果糖浆后加苏打水。
2. 用薄荷装饰。

※ 咖啡樱桃糖浆

蔷薇果茶 5g
木槿花茶 5g
咖啡樱桃 40g
热水 700mL
白砂糖 600g

< 做法 >

将蔷薇果茶、木槿花茶、咖啡樱
桃用热水浸泡，加入白砂糖做成
糖浆，冷却保存。

使用精品咖啡干燥后的
果实制作的夏日气泡水

Point

少见的泰国产咖啡
樱桃。无农药栽培
的咖啡果是人工一
颗颗摘下来的，去
掉种子（咖啡豆的
部分）后在太阳下
晒干。

　　使用干燥后的咖啡果实制作的一款爽口气
泡水，味道不像普通咖啡，更像果茶，容易入
口。2018年夏天，店里只用咖啡樱桃做成糖
浆，2019年加入了少许蔷薇果茶和木槿花茶
上色。6月中旬至8月末限时供应。

咖啡桑格利亚汽酒

咖啡站28（COFFEE STAND 28）

< 材料（1杯）>

滴滤咖啡※ 160mL
苏打水 40mL
薄荷 1枝
冰块 3个

< 做法 >

在玻璃杯中放入冰块，倒入静置一天的滴滤咖啡和苏打水，用薄荷装饰。

※ 滴滤咖啡
< 材料（1杯）>

咖啡豆（埃塞俄比亚耶加雪啡）25g
热水 200mL
杧果 1/4个
橙子 2片
柠檬 1片
白砂糖 30g

< 做法 >

1. 将咖啡豆研磨细，用88℃的热水手冲萃取，浓度较浓。
2. 萃取出的咖啡冷却后加入杧果、橙子、柠檬和白砂糖，静置一天后放入冰箱中冷藏。

散发着水果的芬芳和香气，
桑格利亚汽酒风格的咖啡

经过多次尝试后完成的一款改良冰咖啡。最初咖啡师用冷萃冰咖啡制作时，发现外观混浊不美观，于是改为用滴滤式萃取。使用的水果经常变化，6月中旬到8月末限时供应。

Point

采访时使用的是埃塞俄比亚耶加雪啡咖啡豆，其特点是有甜美的樱桃香气和柑橘的酸味。适合搭配水果，做成桑格利亚汽酒的味道。

047

冷萃咖啡汤力水

城堡（CITADEL）

< 材料（1杯）>
冷萃咖啡 30mL
汤力水 50mL
汤力糖浆（橙子、酸橙、柠檬果汁、日本獐牙菜、牙买加胡椒加水炖煮）20mL
西洋接骨木糖浆 20mL
冰块 适量

< 做法 >
1. 玻璃杯中放入冰块，倒入汤力糖浆、西洋接骨木糖浆和汤力水。
2. 缓缓倒入冷萃咖啡。

橙子的酸味和日本獐牙菜的苦味打造出成熟的味道

改良后的双层冰咖啡衬托出冷萃咖啡的透明感。自制汤力糖浆中柠檬、酸橙等清爽的酸味、牙买加胡椒带有刺激性的香气、日本獐牙菜的苦味和咖啡搭配合适，味道恰到好处，可以一口气喝下去。

Point

糖浆和冷萃咖啡的比重不同，用小口杯子缓缓倒入冷萃咖啡，可以让饮品分成清晰的两层。

李子咖啡汤力水

奥索咖啡（OISEAU COFFEE）

< 材料（1杯）>

浓缩咖啡※1 28mL
自制李子糖浆※2 30mL
汤力水（金鸡纳）140mL
冰块 适量
迷迭香 1枝

< 做法 >

1. 在玻璃杯中倒入自制李子糖浆，加冰块。
2. 缓缓倒入汤力水。
3. 缓缓倒入浓缩咖啡，淋在冰块上，做出层次。
4. 点缀迷迭香。

※1 用20g咖啡豆萃取出56mL浓缩咖啡，使用28mL。

※2 李子糖浆
< 材料（制作1次的量）>

李子 1.2kg
粗糖 500g
水 200mL
柠檬汁 10mL

< 做法 >

1. 李子剥皮、去核。
2. 在锅中放入李子、粗糖，加水煮30分钟。
3. 最后淋柠檬汁。

李子、汤力水、浓缩咖啡制作的
三层饮品，酸酸甜甜、口味清爽

用无添加的高级汤力水、浅烘焙洪都卡斯咖啡豆做成的浓缩咖啡搭配自制李子糖浆做成的饮品。酸甜可口的李子糖浆、有着清爽苦味的汤力水、有杏和橙子风味的浓缩咖啡分成清晰的三层。这款使用当地食材开发的饮品能给客人带来崭新的咖啡体验。

Point

最后点缀的迷迭香散发着清凉的芳香，让这杯饮品的香气清晰地展现出来。

柑橘浓缩咖啡气泡水

尼约茶咖啡（NIYOL COFFEE）

< 材料（1杯）>
浓缩咖啡 20mL
苏打水 110mL
柑橘糖浆 20mL
冰块 适量
橙子干 1片

< 做法 >

1. 用18g浅烘焙埃塞俄比亚咖啡豆萃取20mL浓缩咖啡。

2. 玻璃杯中加入冰块、柑橘糖浆、苏打水和浓缩咖啡。

3. 放上橙子干（为了充分利用柑橘果实的香气，应事先干燥两周）。

埃塞俄比亚咖啡的香气和柑橘糖浆搭配和谐

浓缩咖啡的泡沫和苏打水发生反应，自然起泡。特别定制的柑橘糖浆用到了柠檬、蜜柑、橘子等柑橘类水果，香气和味道都富有层次，与浅烘焙埃塞俄比亚咖啡气味相配。

Point

柑橘糖浆的味道是关键。柑橘类水果特有的苦味也很适合与咖啡搭配。

尼约尔气泡啤酒

尼约尔咖啡（NIYOL COFFEE）

< 材料（1杯）>

浓缩咖啡 20mL
汤力水 80mL
冰块 3个
酸橙果汁 1/8块的量
加勒比糖浆 10mL
酸橙 适量

< 做法 >

1. 用18g浅烘焙埃塞俄比亚咖啡豆萃取20mL浓缩咖啡。
2. 将浓缩咖啡与汤力水、冰块、酸橙果汁、加勒比糖浆混合，用搅拌机充分搅拌。
3. 倒入玻璃杯中，点缀新鲜酸橙。

搅拌后口感绵密，重视泡沫口感的咖啡

外观和精酿啤酒几乎一模一样的改良冰咖啡。不过并不是仅有浓缩咖啡和汤力水就能做成的，而是要通过充分搅拌做出绵密的口感。使用了浅烘焙埃塞俄比亚咖啡豆，因此比起苦味，更加强调丰富的酸味。

Point

搅拌后气泡会变少，不过整体成为泡沫状的饮品，口感顺滑。

蓝果忍冬果冻应季浓缩咖啡汤力水

克拉克森咖啡炉（CLAXON CoffeeRoasters）

< 材料（1杯）>

浓缩咖啡 30mL（使用
17g咖啡豆）
汤力水 150mL
蓝果忍冬果冻 40g
冰块 5个

< 做法 >

1. 在玻璃杯中放入使
   用北海道产的蓝果
   忍冬自制的果冻以
   及冰块。
2. 倒入汤力水。
3. 倒入用浅烘焙埃塞
   俄比亚咖啡豆萃取
   出的浓缩咖啡。

加入应季水果做成的果冻，
改良款浓缩咖啡气泡水

　　浓缩咖啡气泡水口感清爽，这款产品增加了
果冻的口感和酸味。浓缩咖啡使用浅烘焙埃塞俄
比亚咖啡豆萃取，有红茶的香气。制作果冻的水
果根据季节变化，6月至7月使用蓝果忍冬，之后
使用梨和柑橘类水果等。搭配粗吸管上桌。

Point

埃塞俄比亚咖啡豆香
气扑鼻，有水果的芬
芳，萃取出的浓缩咖
啡搭配果冻的酸味，
十分契合。手工果冻
是用新鲜水果炖煮的
果酱做成的。

浓缩咖啡汤力水

普雷斯托咖啡（presto coffee）

< 材料（1杯）>

浓缩咖啡 60mL
汤力水 190mL
冰块（调酒器用）适量
冰块 4个

< 做法 >

1. 使用22g中深烘焙混合咖啡豆，萃取60mL浓缩咖啡。
2. 将浓缩咖啡和调酒器用的冰块放入调酒器中摇匀。
3. 将冰块和汤力水倒入玻璃杯中，倒入浓缩咖啡。

兼具汤力水的清爽和咖啡的厚重感，利用调酒器完成

Point

　　使用柑橘类汤力水制作的改良冰咖啡。为了在清爽的味道中能够享受咖啡的口感，使用了双份浓缩咖啡。萃取后用调酒器迅速冷却，配合汤力水的温度，分层清晰。

高品质调酒器能锁住刚萃取的咖啡的香气和风味，迅速冷却，避免冰块融化后稀释咖啡。

咖啡汤力水

奥萨鲁咖啡（OSARU COFFEE）

< 材料（1杯）>

浓缩咖啡 20mL（巴西、肯尼亚深烘焙混合咖啡豆20g）
汤力水 110～120mL
冰块 适量

< 做法 >

1. 萃取浓缩咖啡。
2. 在玻璃杯中放入冰块，倒入汤力水。
3. 通过调酒匙缓缓倒入浓缩咖啡。

突出咖啡的甜味，
魅力在于清爽的感觉

　　这款冰咖啡的灵感来源于金汤力。使用不过分甜腻也不强调苦味和香料味的汤力水，与有水果风味的精品咖啡搭配，突出咖啡的甜味，清爽的感觉赢得了20～30岁女性客人和30～40岁男性客人的青睐。

Point

没有多余的苦味，汤力水的甜味衬托出咖啡的香气，使用了"金鸡纳树精选汤力水"。

柠檬浓缩咖啡气泡水

利洛咖啡 喫茶（LiLo Coffee Kissa）

< 材料（1杯）>

浓缩咖啡 20mL（使用20g咖啡豆）
气泡水 120mL
自制果酱 20g
冰块 适量

< 做法 >

1. 在玻璃杯中放入自制果酱。
2. 放入冰块。
3. 倒入气泡水。
4. 缓缓倒入浓缩咖啡。

自制果酱以柠檬为原料，增加了原创性

用汤力水对浓缩咖啡的饮品很多，但是汤力水太甜，而且增加了其他香气，所以本店使用了气泡水。"埃塞俄比亚瑰夏日晒咖啡"的浅烘焙咖啡豆带有花香和柠檬香气，再搭配柠檬风味自制果酱，增加了味道的变化。

Point

使用了仅用天然食材制作的"能势气泡水"，为了提味，也可以加入派斯葡萄。

橙子浓缩咖啡气泡水

拉花爱好者烘焙店
（LatteArt Junkies RoastingShop）

浓缩咖啡和橙子气泡水
相得益彰，人气爆棚

　　由浓缩咖啡气泡水改良后的饮品，融合橙子气泡水与浓缩咖啡，点缀鲜橙和薄荷。萃取出的浓缩咖啡有巧克力的味道，可以调整味道的平衡。制作浓缩咖啡时使用的咖啡豆以巴西咖啡豆为基础，加入萨尔瓦多、危地马拉咖啡豆强调甜味，是只使用精品咖啡豆制成的混合咖啡豆。

葡萄浓缩咖啡气泡水

马梅巴科（MAMEBACO）

使用了自制葡萄果冻，
在浓缩咖啡气泡水中做出变化

浓缩咖啡大多会搭配柑橘类水果，这款产品则是与味道醇厚的葡萄果冻组合，追求独特性。使用以深烘焙危地马拉咖啡豆为基础的浓缩咖啡混合咖啡豆，特点是有巧克力和橙子的感觉，口感较为厚重。夏季限时供应，于7月至9月末发售。

姜汁汽水冷萃咖啡

欧尼扬玛咖啡和啤酒
（ONIYANMA COFFEE & BEER）

清爽的味道，
很适合夏天饮用

使用浅烘焙埃塞俄比亚日晒咖啡豆，有柠檬茶的香味，与姜汁汽水混合，重点在于柠檬的清爽感。

Iced Coffee

49

Soda Arrange

酸橙浓缩咖啡汤力水

咖啡馆和美发沙龙
（CAFE AND HAIR SALON re:verb）

汤力水和酸橙
畅快的酸味很清爽

这款饮品在120mL汤力水中倒入30mL单份浓缩咖啡，杯子上漂着酸橙片，味道清爽。主要使用混合咖啡豆，可以使用店里的各种咖啡豆，比如苦味和酸味平衡、易入口的中烘焙咖啡豆，以及水果风味浓郁、味道醇厚的深烘焙咖啡豆，让客人享受不同的味道。

酒香浓缩咖啡汤力水

树干咖啡和精酿啤酒
（TRUNK COFFEE & CRAFT BEER）

加入了烈性酒，
味道富有层次

适合夏天，在汤力水中加入不同浓缩咖啡制成的饮品。采访时，使用了带有菠萝和杜果等黄色水果味，和兼具柑橘类柔和口感及清爽感的埃塞俄比亚咖啡豆，加入了3滴橙子风味的烈酒，味道富有层次。

夏日浓缩咖啡汤力水

古德曼咖啡（Goodman Coffee）

在夏日的阳光下，
两层颜色分明，感觉新鲜清爽

在加冰的玻璃杯中倒入汤力水，用搅拌棒搅拌，迅速冷却后倒入隆戈咖啡（lungo）。使用巴西、肯尼亚、芒萨中烘焙混合咖啡豆。汤力水使用口感清爽、有水果风味的"神户居留地"，用来突出浓缩咖啡的酸味。

Iced Coffee

52

Soda Arrange

意式浓缩汤力水

点燃咖啡（LIGHT UP COFFEE）

汤力水和浓缩咖啡的
果味搭配和谐

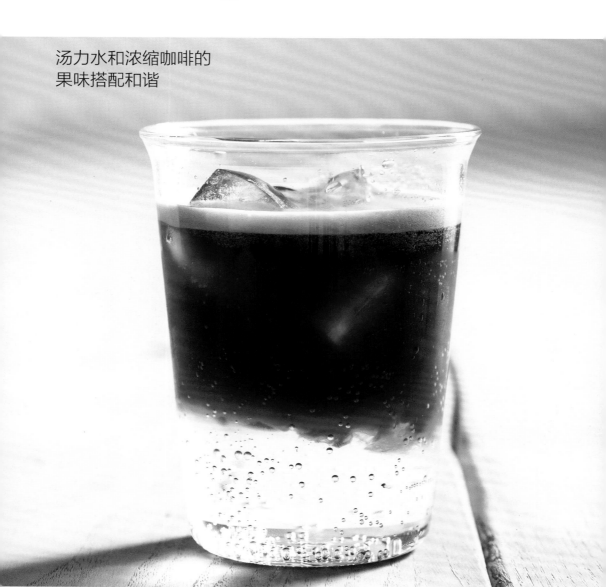

　　在萃取出的浓缩咖啡里倒入汤力水，夏日限时供应的饮品。由40mL浓缩咖啡、80mL汤力水加40mL苏打水制作。少量苏打水能够抑制汤力水中的柑橘味和甜味，更突出浓缩咖啡的风味，味道更加平衡。浓缩咖啡使用有柑橘风味、味道富有层次的品种，与汤力水相得益彰，风味突出。

冷萃咖啡汤力水

法康咖啡（CAFÉ FACON）

**味道清爽怡人，
冷萃咖啡混合汤力水**

使用浅烘焙咖啡豆萃取出的冷萃咖啡，清爽美味。交替使用莓果及柑橘风味的咖啡豆，让客人
品尝到不同的味道。采访时使用的是莓果风味的埃塞俄比亚耶加雪啡日晒咖啡豆，经过6小时萃取
制成。汤力水使用舒味思气泡水，甜味、苦味和酸味平衡。

西洋接骨木浓缩苏打

福冈咖啡县（COFFEE COUNTY Fukuoka）

**咖啡豆带有果香，
和苏打水搭配和谐**

苏打水和浓缩咖啡组合成的冰饮。西洋接骨木、柑橘和应季水果三种糖浆交替使用。本店的咖啡豆基本为浅烘焙至中烘焙，每种咖啡豆的果味都很浓郁，适合对苏打水。

埃斯波尼克

咖啡时间 西部（THE coffee time WEST）

爱上这份独特的
味道后会上瘾

　　威尔金森苏打水和舒味思气泡水等量混合，加入浓缩咖啡，像长饮鸡尾酒一样的改良冰咖啡。
浓缩咖啡使用了自制混合咖啡豆，重视果味，突出甜味，每杯使用25mL浓缩咖啡。不仅是外观，
味道也像无酒精啤酒一样独特。

南国浓缩咖啡气泡水

暖咖啡（BASKING COFFEE）

木槿花的味道渐渐融入其中，
需要一定技术制作的气泡水

使用埃塞俄比亚卡永山农场的浅烘焙咖啡豆，味道富有层次，包含花朵的芬芳。加入40mL浓缩咖啡，苏打水与浓缩咖啡的比例与店里的"浓缩咖啡苏打水"基本相同。萃取后急速冷却的浓缩咖啡中加入了事先加热的10g自制木槿花糖浆和少量蜂蜜，最后与苏打水混合。第一口突出了浓缩咖啡的味道，随着时间的流逝，木槿花原本的酸味渐渐显现出来。

浓缩咖啡苏打水

暖咖啡（BASKING COFFEE）

追求清爽，
夏日限时供应的改良冰咖啡

使用埃塞俄比亚卡永山农场的浅烘焙咖啡豆，苏打水与浓缩咖啡的比例与"南国浓缩咖啡气泡水"基本相同。120mL苏打水对40mL浓缩咖啡，这个比例非常重要。味道像精酿啤酒一样独特，苏打水使用三得利甄选苏打水，能产生绵密的泡沫，搭配酸味突出的酸橙。

姜汁汽水茶云

星巴克咖啡 东京中城日比谷店
（スターブックスコーヒー　東京ミッドタウン日比谷店）

姜和肉桂相得益彰，
味道清爽的咖啡饮料

　　姜汁汽水加入摇匀的手工肉桂糖浆，倒入冷萃咖啡，这是星巴克甄选咖啡独特的饮品配方。肉桂和姜的芳香与刺激性的苦味，以及姜汁汽水的清爽组合出了让人欲罢不能的味道。咖啡豆使用星巴克甄选冷萃混合咖啡豆，有巧克力、焦糖和可乐一样的甜味。冷萃咖啡味道清爽，同时能够品尝到咖啡特有的风味和甜味。2019年4月10日至2020年6月11日供应。

牛奶咖啡

Milk Arrange

很多人喜欢拿铁和欧蕾咖啡醇厚的味道。

本章将介绍35款饮品，除了巧克力和焦糖等常规配料外，

还有加入抹茶、香料等制成的崭新味道。

草莓拿铁珍珠奶茶

舵咖啡（RUDDER COFFEE）

< 材料（1杯）>
冷萃咖啡（以哥伦比亚、巴西咖啡豆为主的深烘焙
混合咖啡豆）60mL
草莓牛奶（加糖草莓果冻和牛奶混合）150mL
黑珍珠（在煮过的糖浆中腌制）30g
冰块 适量

< 做法 >
1. 用1：15的咖啡粉和水，
   萃取10个小时，制作冷萃
   咖啡。
2. 在杯子里放入黑珍珠。
3. 倒入草莓牛奶，加冰块。
4. 沿着勺子倒入冷萃咖啡。

冷萃咖啡搭配珍珠奶茶，当下流行的冰咖啡

当下流行的珍珠奶茶与冷萃咖啡的组合。
在甜草莓牛奶中加入黑珍珠，用兼具甜味和苦
味的咖啡中和。冷萃咖啡独特的美丽颜色与草
莓牛奶的粉色组合，非常美观，珍珠可从专卖
店购买。

Point

为了保证分层清
晰，咖啡要仔细慢
慢倒入。为了不影
响珍珠的口感，冰
块不要捣碎，而是
直接放入。

抹茶拿铁

利洛咖啡 喫茶
（LiLo Coffee Kissa）

< 材料（1杯）>
浓缩咖啡 40mL（使用 18g咖啡豆）
牛奶 30mL
水 30mL
抹茶粉 30g
冰块 适量

< 做法 >
1. 玻璃杯中放入冰块，将抹茶粉溶解在水中后倒入杯中。
2. 缓缓倒入牛奶。
3. 缓缓倒入萃取出的浓缩咖啡。

亮点在于美丽的外观，三层颜色渐变

　　抹茶、牛奶、浓缩咖啡组合而成的改良冰咖啡。为了突出咖啡的主角身份，多加一些用专用混合咖啡豆萃取出的浓缩咖啡，同时追求平衡，不盖过抹茶的风味。

Point

牛奶和咖啡要缓缓倒入，避免破坏层次。

巧克力抹茶拿铁

托基罗咖啡（Tokiiro coffee）

< 材料（1杯）>

浓缩咖啡 20mL
牛奶 140～150mL
抹茶粉 17g
热水（冲泡抹茶粉）10mL
巧克力糖浆 适量
冰块 适量
抹茶粉 少许

< 做法 >

1. 用8.5g深烘焙哥伦比亚咖啡豆萃取20mL浓缩咖啡。
2. 在玻璃杯中放入抹茶粉，倒热水点茶。
3. 在玻璃杯内侧倒一圈巧克力糖浆。
4. 放入冰块和牛奶，倒入浓缩咖啡。
5. 撒抹茶粉装饰。

糖浆流淌在色彩鲜艳的渐变层中，冲击力强

抹茶粉、浓缩咖啡和牛奶做成的拿铁上流淌着巧克力糖浆，增加了动感。自制抹茶粉搭配苦味的浓缩咖啡，打造出平衡、清爽的味道。为了表现出渐变色彩，还在抹茶的颜色上下了功夫。

Point

使用了专为改良饮品开发的自制抹茶粉。为了体现出抹茶新鲜的风味和香气，要在客人点单后再将抹茶粉放入玻璃杯中，加水点茶。

焙茶拿铁

托基罗咖啡（Tokiiro coffee）

< 材料（1杯）>
浓缩咖啡 3mL
焙茶粉 15g
牛奶（冲泡焙茶粉）10mL
牛奶 140～150mL
冰块 适量
焙茶粉（颗粒状）少许

< 做法 >
1. 用8.5g深烘焙哥伦比亚咖啡豆萃取20mL浓缩咖啡，使用3mL。
2. 在玻璃杯中倒入焙茶粉和牛奶，用茶筅搅入空气。
3. 加冰块和牛奶，倒入浓缩咖啡，撒焙茶粉点缀。

味道富有层次的焙茶拿铁，重点是浓缩咖啡的苦味

使用自制焙茶粉制作的拿铁，加入浓缩咖啡增加了苦味。溶解焙茶粉时不用热水而用牛奶，用茶筅搅入空气，做出泡沫。

Point

搭配使用两种自制焙茶粉。最后撒上芳香四溢的焙茶粉颗粒作为点缀。

黑印度奶茶

克拉克森咖啡烘焙机
（CLAXON CoffeeRoasters）

< 材料（1杯）>
浓缩咖啡 30mL（使用
18g咖啡豆）
牛奶 110mL
印度奶茶糖浆 40g
红辣椒粉 少许
冰块 5个

< 做法 >
1. 在玻璃杯中放入冰块。
2. 将印度奶茶糖浆和牛
   奶搅拌均匀，稍蒸后
   倒入杯中。
3. 倒入用黑咖啡豆萃取
   出的浓缩咖啡。
4. 撒红辣椒粉。

适合不喜欢甜味的人，感觉新颖的冰咖啡

印度奶茶芳香四溢，和浓缩咖啡组合成一款改良冰咖啡。为了保持冰凉，稍蒸一下让印度奶茶表面浮出一层牛奶泡沫即可，口感顺滑。这款新感觉的冰咖啡和普通咖啡、红茶不同，会散发出一种焙茶的清香。

Point

印度奶茶糖浆是在阿萨姆红茶中加入砂糖和五种香料（摩洛哥豆蔻、肉桂、丁香、绿豆蔻、黑胡椒）制成的。

64

Milk Arrange

香料杏仁拿铁

斯特拉达咖啡（CAFFE STRADA）

< 材料（1杯）>

浓缩咖啡 1份（约16mL，
使用9g咖啡豆）
牛奶 140mL
烤杏仁糖浆 18mL
印度玛莎拉粉 适量
肉桂粉 适量
冰块 适量
薄荷 1枝

< 做法 >

1. 将烤杏仁糖浆倒入玻璃
   杯中，加入少许印度玛
   莎拉粉和肉桂粉，搅拌
   均匀。
2. 加满冰块，倒入牛奶，
   轻轻搅拌。
3. 沿着冰块倒入浓缩咖啡。
4. 加入少许印度玛莎拉粉
   和肉桂粉，点缀薄荷。

ESPRESSO & GRILL

像印度奶茶一样的冰咖啡，
亮点在于自制混合香料

Point

　　灵感来源于印度奶茶的冰拿铁。自制香料
印度玛莎拉粉的香味不亚于深烘焙浓缩咖啡。
加入烤杏仁糖浆的芳香，味道富有层次。全年
都受到客人，特别是女顾客的欢迎。

自制玛莎拉粉是
用 绿 豆 蔻 、 丁
香、黑胡椒等五
种香料混合后粉
碎制成。

绿豆蔻拿铁

自制烘焙咖啡 金鱼虫（自家焙煎珈琲 みじんこ）

< 材料（1杯）>

浓缩咖啡 1份（30mL）※1
牛奶 180mL
绿豆蔻糖浆※2 20mL
枫糖炼乳糖浆※3 10mL
打发奶油※4 1勺
绿豆蔻粉 少许
冰块 5个

※1 用21g咖啡豆做双份浓缩咖啡（60mL）。使用了2号自制咖啡豆和埃塞俄比亚混合咖啡豆。
※2 130g白砂糖、40g绿豆蔻（整粒）加260mL水，在小锅中炖煮做成绿豆蔻糖浆。
※3 枫糖糖浆和炼乳按2：1的比例混合。
※4 鲜奶油加1/10份白砂糖打发。

< 做法 >

1. 在牛奶中加入绿豆蔻糖浆，用勺子搅拌均匀。
2. 在烈酒杯中倒入枫糖炼乳糖浆和浓缩咖啡，用勺子搅拌均匀后倒入玻璃杯。
3. 在玻璃杯中放入冰块，倒入牛奶。
4. 依次放入打发奶油、绿豆蔻粉作为点缀。

香料拿铁，可以吃饭时饮用

绿豆蔻使用整粒和粉末两种，给客人留下更深刻的印象。加拿大魁北克产的天然枫糖糖浆用来提味，优质的甜味让咖啡更加爽口，适合吃饭时饮用。打发奶油用加热后的勺子舀起放在冰块上，上桌时保证形态良好。

Point

左/枫糖炼乳糖浆。枫糖糖浆使用"魁北克花园"的棕色枫糖，和奶香四溢的炼乳的甜味相得益彰。

右/绿豆蔻糖浆，气味清爽。绿豆蔻兼具清凉感、辣味和微苦的味道，会使用在咖喱、肉料理和点心中。

66

薄荷拿铁

自制烘焙咖啡 金鱼虫（自家焙煎珈琲 みじんこ）

< 材料（1杯）>
浓缩咖啡 1份（30mL）※1
牛奶 160mL
绿薄荷糖浆（莫宁牌）40mL
巧克力酱※2 10g
薄荷 1枝
冰块 5个

※1 用21g咖啡豆萃取双份浓
  缩咖啡（60mL），使用了
  2号自制咖啡豆和埃塞俄比
  亚混合咖啡豆。

※2 巧克力、白砂糖、鲜奶
  油按照1∶1∶1.5的比例
  混合。

< 做法 >
1. 在牛奶中加入绿薄荷糖浆，
   用勺子搅拌均匀。
2. 在烈酒杯中倒入巧克力酱
   和浓缩咖啡，用勺子搅拌
   均匀。
3. 在玻璃杯里放入冰块，倒入
   牛奶。
4. 缓缓倒入咖啡，点缀薄荷。

巧克力、薄荷加浓缩咖啡，味道清凉

颜色分成薄荷绿和棕色两层，外观可爱，富有魅力。刚开店时是出现在菜单上的常见饮品，现在是隐藏款。甜味、苦味和清凉感取得了绝妙的平衡，令人上瘾，专为老客人制作，甚至有的客人每周会来点两次这款饮品。

Point

左/鲜艳的绿薄荷糖浆和牛奶混合后变成了粉绿色。糖浆味道甘甜，和浓缩咖啡形成界限分明的两层。右/无添加的巧克力酱事先放入冰箱里冷却凝固。稍稍做过热水浴后变成浓稠的液体使用。

67

黑莓冰拿铁

圣多斯咖啡 椎名町公园前店（SANTOS COFFEE 椎名町公园前店）

< 材料（1杯）>

浓缩咖啡 50mL（使用17g 咖啡豆）

黑莓糖浆（达芬奇牌）10mL

焦糖糖浆（达芬奇牌）3mL

巧克力糖浆（达芬奇牌）3mL

牛奶 160mL

冰块 4~5个

< 做法 >

1. 将焦糖糖浆、巧克力糖浆、黑莓糖浆倒入杯中，用勺子搅拌均匀。萃取浓缩咖啡。

2. 在玻璃杯中放入冰块，倒入牛奶。

3. 倒入糖浆和浓缩咖啡。

加入黑莓糖浆，个性十足的改良冰咖啡

加入黑莓糖浆的改良冰咖啡，味道像甜点一样香醇浓厚。咖啡师在创作这款饮品时看中了黑莓糖浆的香味和独特性，使用焦糖和巧克力糖浆，让黑莓的甜味更加醇厚，让它在女性中很受欢迎，有些客人来店里只点这款改良冰咖啡。

Point

除了黑莓糖浆，还要加入少量焦糖糖浆和巧克力糖浆，让甜味更加醇厚。

和三盆冰拿铁

克拉克森咖啡烘焙机（CLAXON CoffeeRoasters）

< 材料（1杯）>

浓缩咖啡 30mL（使用
18g咖啡豆）
牛奶（乳脂含量3.7%以
上）100mL
和三盆冰激凌 60g
浓缩咖啡粉 少许
碎冰 45g

< 做法 >

1. 在放入碎冰的玻璃杯中倒入牛奶。
2. 放上味道清爽的和三盆冰激凌，撒浓缩咖啡粉。
3. 用混合黑咖啡豆萃取浓缩咖啡，味道和牛奶搭配和谐，放在杯子旁边单独提供。

加入了日式风味的冰激凌拿铁

经典"和三盆拿铁"是人气热饮，这款产品将它做成了冰拿铁，6月至9月末供应。这款咖啡充分发挥出和三盆清爽的甜味，"咖啡与和果子"的结合展现出本店的风格。

Point

分装供应的浓缩咖啡由客人自己倒在冰激凌上，就像阿芙佳朵一样的冰激凌饮品。使用和三盆冰激凌增加了原创性。

成年人的焦糖拿铁

克拉克森咖啡烘焙机（CLAXON CoffeeRoasters）

< 材料（1杯）>

浓缩咖啡 30mL（使用
18g咖啡豆）
牛奶 140mL
焦糖酱 25g
冰块 5个

< 做法 >

1. 将冰块放入玻璃杯中。
2. 将焦糖酱放入牛奶中
   溶化，倒入杯中。
3. 倒入用混合黑咖啡豆
   萃取的浓缩咖啡。

用带有苦味的焦糖酱增加变化

经典冰咖啡，将甜味重的焦糖拿铁做成适
合成年人的味道，味道醇厚微苦。用来萃取浓
缩咖啡的混合黑咖啡豆用到了两种巴西咖啡
豆，味道醇厚，与焦糖、牛奶搭配得当。

Point

自制焦糖酱用鲜
奶油和白砂糖熬
制而成。市售焦
糖酱过于甜，为
了凸显出咖啡的
味道，要调成微
苦的味道。

Iced Coffee

70

Milk Arrange

焦糖拿铁

托基罗咖啡（Tokiiro coffee）

< 材料（1杯）>

浓缩咖啡 20mL

牛奶 140～150mL

焦糖糖浆 7mL

焦糖酱 适量

冰块 适量

< 做法 >

1. 用8.5g深烘焙哥伦比亚咖啡豆萃取20mL浓缩咖啡，与焦糖糖浆混合。

2. 在杯壁内侧涂一层焦糖酱。

3. 加入冰块和浓缩咖啡，缓缓倒入牛奶。

享受浓缩咖啡、焦糖、牛奶各自的味道和协调性

先在杯子中倒入加了焦糖糖浆的浓缩咖啡，然后倒牛奶，保留浓缩咖啡的味道。咖啡和杯壁上的焦糖酱融合，形成醇厚的甜味。整体搅拌均匀后，咖啡温和的味道与牛奶搭配和谐。

Point

兼具美味和美观的焦糖酱，像波浪一样涂在杯壁上，倒入牛奶时会产生瀑布流淌般的动感。

焦糖意式冰激凌拿铁

普雷斯托咖啡（Presto coffee）

< 材料（1杯）>

浓缩咖啡 30mL
牛奶 240mL
焦糖意式冰激凌 100g
冰块 适量

< 做法 >

1. 使用14g深烘焙混合咖啡豆，萃取30mL浓缩咖啡。
2. 将冰块和牛奶倒入玻璃杯中，放上焦糖意式冰激凌。
3. 倒入浓缩咖啡。

和意式冰激凌一起享用，像甜点一样的拿铁

　　将加入浓缩咖啡做成的意式甜品"意式冰激凌咖啡"改成了拿铁咖啡，甜味中带有微苦味道的焦糖冰激凌、味道醇和的牛奶、苦味的浓缩咖啡渐渐融合，能够享受味道的变化。

! Point

意式冰激凌浮在冰块上。最后倒入浓缩咖啡时为了避免溢出，速度要缓慢。

72

巧克力拿铁

科尼利奥（Coniglio）

< 材料（1杯）>

浓缩咖啡 30mL
牛奶 45mL
巧克力酱 适量
巧克力粉（粗粒）适量
巧克力糖浆 12mL
冰块 适量

< 做法 >

1. 取20g中深烘焙混合咖啡豆，萃取
   30mL浓缩咖啡。
2. 在杯壁内侧涂上巧克力酱，沿着杯
   口撒一层巧克力粉。
3. 将浓缩咖啡、牛奶、巧克力糖浆、
   冰块放入调酒器中迅速摇匀。
4. 倒入玻璃杯中，撒巧克力粉。

粗粒巧克力粉是重点

　　本店有一款热巧克力拿铁，是将巧克力、
白巧克力、草莓等粉末撒在杯子中做成的。这
款著名饮品改良后变成了晚间限时供应的改良
冰咖啡。粗粒巧克力粉松脆的口感也很有趣。

Point

在调酒器中充分
搅入空气，让口
感变得膨松柔
和。推荐搭配榛
子利口酒或琴酒
等饮用。

73

Milk Arrange

双倍拉杆拿铁

卡费诺托咖啡（CAFENOTO COFFEE）

< 材料（1杯）>

咖啡豆（巴西、哥伦比亚、印度尼西亚混合咖啡豆）40~46g

浓缩咖啡 20~40mL

牛奶 120~150mL

冰块 适量

< 做法 >

1. 用20~23g咖啡豆在玻璃杯中萃取10~20mL浓缩咖啡。
2. 放入冰块，倒入牛奶。
3. 用20~23g咖啡豆再在玻璃杯中萃取10~20mL浓缩咖啡。

强调浓缩咖啡苦味的原创拿铁

　　浓缩咖啡有坚果和巧克力的芳香，为了让客人更好地品尝到浓缩咖啡的苦味，本店开发了这款原创拿铁。在玻璃杯中萃取浓缩咖啡，倒入牛奶后再次萃取。享用时，能够同时享受到上层浓缩咖啡的醇厚，以及下层牛奶与浓缩咖啡融合后的温和口感。

Point

为了直接体现出浓缩咖啡的香味，使用无底手柄萃取。第一次萃取要重视浓缩咖啡的苦味和甜味，第二次萃取加入香味。通过加压调整咖啡粉的密度，通过调整萃取时间来控制味道。

榛香冰摩卡

圣多斯咖啡 椎名町公园前店
（SANTOS COFFEE 椎名町公園前店）

< 材料（1杯）>

浓缩咖啡 50mL（使用17g
咖啡豆）
巧克力糖浆（达芬奇牌）5mL
榛子糖浆（特朗尼牌）10mL
牛奶 160mL
冰块 4~5个

< 做法 >

1. 在杯中加入巧克力
   糖浆和榛子糖浆，
   用勺子搅匀后萃取
   浓缩咖啡。
2. 在玻璃杯中放入冰
   块，倒入牛奶。
3. 将糖浆和浓缩咖啡
   倒入玻璃杯中。

加入榛子糖浆，
改良款经典冰摩卡咖啡

　　在浓缩咖啡里加入巧克力糖浆、牛奶和适
合搭配巧克力糖浆的榛子糖浆，浓缩咖啡的苦
加上巧克力高雅的甜，再加上榛子的香和余
味，形成了这款简单而独特的美味饮品，很受
女性的欢迎。

Point

加入适合搭配浓缩咖
啡、巧克力糖浆的榛
子糖浆，做成一杯芳
香美味的冰摩卡咖
啡。减少巧克力糖浆
的用量，避免味道过
于甜腻。

冰摩卡

奥萨拉咖啡（OSARA COFFEE）

< 材料（1杯）>
浓缩咖啡 20mL（使用20g巴西、肯尼亚深烘焙混合咖啡豆）
牛奶 120mL
巧克力酱 10g
巧克力酱（装饰）适量
冰块 3个
可可粉 适量

< 做法 >
1. 在搅拌机中加入浓缩咖啡、牛奶、巧克力酱和冰块，充分搅拌。
2. 在玻璃杯内侧涂少许巧克力酱装饰，倒入咖啡。
3. 撒可可粉。

通过充分搅拌，让摩卡融为一体

浓缩咖啡、牛奶和巧克力酱在搅拌机中充分搅拌，让味道融合，形成一杯融为一体的摩卡咖啡。撒可可粉增加苦味，调和浓缩咖啡和巧克力酱的风味。在男女客人中都很受欢迎。

Point

可可粉除了用来调和浓缩咖啡和巧克力酱的味道，还能锁住浓缩咖啡的香味。

76 香蕉

咖啡站28（COFFEE STAND 28）

Milk Arrange

< 材料（1杯）>

浓缩咖啡 20mL
牛奶（乳脂含量3.7%以上）
100mL
香蕉（成熟）1根
鲜奶油 25g
蜂蜜 1大勺
白砂糖 1大勺
冰块 适量

< 做法 >

1. 用搅拌机将香蕉、牛奶、鲜奶油、蜂蜜和白砂糖搅拌均匀，倒入玻璃杯中。
2. 在杯中放入冰块。
3. 和萃取出的浓缩咖啡分开供应。

苦涩的浓缩咖啡和甜香蕉的著名组合

Point

　　本店2013年开业时的人气款饮品，甚至有人特意为这款产品而来。用来制作浓缩咖啡的咖啡豆经常改变，有巧克力风味的中美咖啡豆最适合。使用含糖量高的香蕉，"像巧克力香蕉一样的味道"很受欢迎。

浓缩咖啡分开供应，客人可以将其加入香蕉牛奶中，也可以单独饮用。有的客人从来没有单独喝过浓缩咖啡，点这款饮品是为了品尝浓缩咖啡的味道。

蕉香欧蕾

奥索咖啡（OISEAU COFFEE）

< 材料（1杯）>
浓缩咖啡* 28mL
香蕉 60g
牛奶 170mL
可可粉 适量

※ 用20g咖啡豆萃取56mL浓
　缩咖啡，使用28mL。

< 做法 >
1. 将除可可粉外的其他材料放
　 入搅拌机中搅拌。
2. 倒入玻璃杯中，撒可可粉。

有着香蕉巧克力的甜味和微苦，
熟悉的味道大受欢迎

　　中深烘焙印度尼西亚咖啡豆有苦味和巧克
力风味，和香蕉醇厚的甜味很配，受到女性客
人和孩子的好评。发挥精品咖啡多样性的特
点，就算不习惯喝咖啡的客人也会因为这款饮
品开始关注咖啡。

Point

加冰容易分层，
所以使用冷冻过
的香蕉让所有食
材融为一体。

果冻欧蕾

里鹏咖啡 大须店（CAFE LE PIN 大须店）

< 材料（1杯）>
滴滤冰咖啡 70mL
牛奶 70mL
咖啡冻 3大勺
碎冰 适量
打发奶油 20g
薄荷 1枝

< 做法 >
1. 杯中放入约1/2杯碎冰，倒入牛奶。
2. 用勺子轻轻捣碎咖啡冻，放入杯中。
3. 缓缓倒入滴滤冰咖啡。
4. 放上打发奶油，用薄荷装饰。

夏季热门饮品，
能够享受到咖啡冻的口感

冰欧蕾里漂浮着捣碎的自制咖啡冻，可以让客人体会到滑溜溜的口感。夏季限时提供时很受欢迎，于是成为了常规饮品。缓缓倒入冰咖啡，饮品会清晰地分为两层。

Point

用勺子捣碎咖啡冻后放入玻璃杯中，要轻轻捣碎，保留果冻的口感，同时方便用吸管饮用。

焦糖白巧克力冰卡布奇诺

自制烘焙咖啡 金鱼虫（自家焙煎珈琲 みじんこ）

< 材料（1杯）>

浓缩咖啡 40mL[1]
白巧克力酱[2] 15g
焦糖酱[3] 20g
牛奶 280mL
杏仁碎 少许
冰块 5～7个

[1] 使用21g咖啡豆萃取双份浓缩咖啡，使用2号自制混合咖啡豆和埃塞俄比亚混合咖啡豆。

[2] 将鲜奶油、白巧克力、白砂糖以1.5：1：0.5的比例混合。

[3] 在小锅里放入100g白砂糖和20mL水，熬成焦糖后倒入100mL加热的鲜奶油，搅拌均匀。

< 做法 >

1. 浓缩咖啡、白巧克力酱、焦糖酱用搅拌器搅拌均匀后倒入玻璃杯中。
2. 在玻璃杯中按照从小到大的顺序放入冰块，倒入180mL牛奶。
3. 在奶锅里倒入剩余的牛奶，制作牛奶泡沫，将泡沫倒在玻璃杯中。
4. 点缀杏仁碎。

自制酱料是关键，降低甜度，做出大人的味道

　　将焦糖、巧克力、咖啡这组人气组合改良成适合大人的味道。米色渐变的外观美丽，降低甜度，加入味道苦涩醇厚的浓缩咖啡，就算搭配甜品也不会腻。最后点缀的杏仁碎增加了香味。

Point

左/店里的咖啡师自制的焦糖酱，不仅有甜味，和市售焦糖酱相比还增加了微苦的香味。
右/自制白巧克力酱醇厚的甜味让饮品增加了一份甜点的感觉，和味苦的浓缩咖啡搭配和谐。

黑芝麻马斯卡彭芝士冰卡布奇诺

自制烘焙咖啡 金鱼虫（自家焙煎珈琲 みじんこ）

< 材料（1杯）>

双份浓缩咖啡（60mL）※1
黑芝麻马斯卡彭芝士※2
30g
白巧克力酱※3 30g
豆奶 120mL
牛奶 100mL
三温糖 5g
黑芝麻 少许
冰块 5个

※1 使用21g巴西咖啡豆
　　萃取。
※2 将30g无糖黑芝麻、
　　100g马斯卡彭芝士、
　　15g蜂蜜混合。
※3 鲜奶油、白巧克力、
　　白砂糖以1.5：1：0.5
　　的比例混合。

< 做法 >

1. 混合双份浓缩咖啡与
   白巧克力酱。

2. 豆奶加热至50℃，与
   黑芝麻马斯卡彭芝士
   混合，用搅拌机充分
   搅拌。

3. 在玻璃杯中放入冰
   块，倒入豆奶，用勺
   子搅拌，整体冷却后
   倒入咖啡。

4. 在奶锅中倒入牛奶和
   三温糖，加热至60℃
   左右，制作牛奶泡
   沫。将泡沫盖在咖啡
   上，最后点缀黑芝麻。

使用有坚果香味的咖啡豆，
调和黑芝麻的香味

　　以黑芝麻为主题创作的，日式和西式结合的冰
卡布奇诺。在所有芝士中，能衬托出其他食材味道
的马斯卡彭芝士最适合做这款饮品，加入双份浓缩
咖啡，醇厚的口感不输于其他酱料，可以调整整体
的平衡。黑芝麻在需要使用时现磨，增加香味。

Point

黑芝麻马斯卡彭
芝士用微波炉稍
加热，容易与其
他食材混合。

Iced Coffee

81

Milk Arrange

渐变抹茶拿铁

咖啡烘焙师（CRAFTSMAN COFFEE ROASTERS）

甄选专卖店的抹茶，甜味、
酸味和苦味达到绝妙的平衡

　　抹茶、牛奶、用苦味和酸味均衡的优质中深烘焙混合咖啡豆萃取的浓缩咖啡组合而成的招牌饮
品。端上桌时外形美观，颜色分为三层。刚开始时不要搅拌，享受逐渐变化的味道，然后混合均匀
再品尝。使用日本北九州市小仓抹茶专卖店，适合搭配牛奶并专门用来制作拿铁的抹茶。稍稍增加
了甜度，受到女性客人的喜爱。

焦糖冰拿铁

滴滤咖啡供应（DRIP & DROP COFFEE SUPPLY）

在社交软件上成功推广，
人气爆棚

在焦糖糖浆和牛奶上倒入单份浓缩咖啡，再挤上厚厚一层打发奶油，点缀自制焦糖酱和口感松脆的焦糖。因为外形美观，在社交软件上发布后广受欢迎。现在在蛸药师分店供应。另外，还会做成冰或热的摩卡，或加入格子形状的黑巧克力进行改良。

Iced Coffee

83

Milk Arrange

浓缩咖啡果冻拿铁

咖啡与浓缩咖啡
（OVER COFFEE and Espresso）

加入自制咖啡果冻，
享受独特口感的饮品

　　冰拿铁上漂着自制咖啡果冻，用花香糖浆增加风味的一款饮品。选用"法国1883露甜果露糖浆（1883 maison routin）"，可以从焦糖、榛子、巧克力等七种口味中选择。咖啡果冻用口感醇厚的浓缩咖啡制作，存在感不亚于糖浆。

冰咖啡拿铁

点燃咖啡（LIGHT UP COFFEE）

加入少量三温糖，
做出浓缩咖啡和牛奶味道调和的拿铁

　　为了让客人自然而然地感受到咖啡的甜味，在浓缩咖啡中溶解了少量三温糖。不同季节使用不同咖啡豆萃取浓缩咖啡（采访时使用了卢旺达辛比咖啡豆，有橙子和白桃等细腻的果香，有红茶和牛奶巧克力的甘甜余味）。使用深烘焙咖啡豆萃取浓缩咖啡。

绿豆蔻牛奶咖啡

福冈咖啡县（COFFEE COUNTY Fukuoka）

咖啡豆的独特味道不输香料，
充分发挥出浓缩咖啡的多样性

　　腌制绿豆蔻制成的自制糖浆、浓缩咖啡和牛奶组合而成的人气改良饮品。采访时，使用埃塞俄比亚咖啡豆萃取浓缩咖啡，浅烘焙咖啡豆和香料的搭配令人惊叹。正因为咖啡豆的个性多样，才得以实现的一款饮品。

滴滤冰咖啡欧蕾

古德曼咖啡（Goodman Coffee）

苦味打底，泡沫和牛奶
让味道更加醇厚，容易入口

在苦涩的冰咖啡上盖一层绵密的泡沫，是听从客人的建议后，将滴滤冰咖啡的口感改良得更加柔和，从而开发出的咖啡欧蕾版本。按照牛奶、冰咖啡、泡沫的顺序倒入杯中，三个层次让社交软件呈现的照片异常美观。提供吸管，可以根据个人喜好搅拌，调整味道后享用。泡沫绵密，会一直保留到最后。使用深烘焙混合咖啡豆制作。

焦糖欧蕾

中立咖啡（NEUTRAL COFFEE）

自制焦糖酱味道不会过于甜腻，
能呈现出绝妙的苦味

　　滴滤咖啡较浓，与自制焦糖糖浆和牛奶混合而成，受到女性客人的广泛支持。焦糖糖浆带有一丝焦味，不会太甜腻。按照焦糖糖浆、牛奶、咖啡的顺序缓缓注入杯中，形成漂亮的三层，供应时提醒客人"搅拌后饮用"。

咖啡欧蕾·岛

咖啡烘焙所 旅之音（珈琲焙煎所 旅の音）

具有热带风情，
咖啡和杧果的组合很新鲜

这款冰咖啡是店里的招牌，黄色、白色、棕色三层颜色鲜艳。醇厚的杧果汁、牛奶、芬芳扑鼻的咖啡组合在一起，能够品尝到浓郁的果味。咖啡豆使用了巴布亚新几内亚热带山峰咖啡豆，其特点是带有菠萝一样的水果风味，滴滤萃取。

89

Milk Arrange

杏仁咖啡

马梅巴科（MAMEBACO）

用杏仁豆腐和浓缩咖啡做成的芳香四溢的甜品咖啡

在杏仁豆腐上盖一层咖啡果皮糖浆，然后倒入双份浓缩咖啡制成的改良冰咖啡。咖啡果皮糖浆用咖啡果做成，带有清爽的甜味和果香，和杏仁豆腐的花香搭配合适。糖浆调和了咖啡和杏仁豆腐这对出人意料的组合，让整体味道融合。搅拌后饮用，一开始能品尝到香醇的拿铁，然后杏仁的芳香在口中扩散开来。

榛子摩卡

暖咖啡（BASKING COFFEE）

加入巧克力，
强调坚果的香味

　　在拿铁中加入了用意大利点心吉安杜佳夹心巧克力做成的巧克力酱，里面用到了榛子糊。独家
混合咖啡豆"斯皮卡（spica）"是巴西咖啡豆，坚果的风味与榛子搭配得当。由于尽量控制了甜
度，所以后味同样清爽。

果冻牛奶咖啡

咖啡咖啡咖啡（THE COFFEE COFFEE COFFEE）

使用两种香味浓郁的混合咖啡豆，
与牛奶混合后余味悠长

用小咖啡壶萃取出较浓的咖啡，加入咖啡果冻、牛奶混合，像甜品一样的改良冰咖啡。使用
25g咖啡豆，用滴滤法萃取50mL"不苦的浓缩咖啡"。咖啡豆使用中深烘焙埃塞俄比亚耶加雪啡
以及印度尼西亚曼特宁，两者特点不同，香味浓郁的咖啡豆组合后搭配牛奶，余味悠长。咖啡果冻
用埃塞俄比亚日晒和印度尼西亚曼特宁托巴混合咖啡豆做成。

冰豆咖啡

烘焙咖啡实验室（Roasted coffee laboratory）

可以享受自己冲泡的乐趣，
咖啡豆形状的咖啡冻增加
了一分童趣

　　将两倍用量咖啡豆制成的咖啡冻叠放在杯子里，外形夺人眼球。将蒸好的牛奶放在保温性能良好的容器中一起提供。倒入牛奶，在冰块逐渐融化的过程中享受味道的变化也很有乐趣。可以使用不同种类的咖啡豆，主要使用混合咖啡豆。

巧克力冰卡布奇诺

咖啡元年 中川总店（珈琲元年 中川本店）

像甜品一样的饮品，
浓缩咖啡的风味醇厚

在玻璃杯中倒入牛奶、莫宁牌巧克力酱和冰块，然后缓缓倒入双份浓缩咖啡，饮品分成两层。牛奶温和的口味和可可的苦味中夹杂着浓缩咖啡的酸味和芳香，突出了甜味。上面加满满一层慕斯和巧克力酱，像甜点一样很受欢迎。使用巴西和哥伦比亚深烘焙混合咖啡豆，带出恰到好处的苦味和醇厚口感。

冰摇咖啡

Shakerato

冰摇咖啡中绵密的泡沫和苦涩的浓缩咖啡融为一体。
容易入口，顺滑的口感以及加入糖浆后的甘甜充满魅力。
本章将介绍4款别具一格的饮品。

Iced Coffee

94

Shakerato

冰摇咖啡

圣多斯咖啡 椎名町公园前店（SANTOS COFFEE 椎名町公園前店）

在制作上开动脑筋，
完成一杯拥有绝妙平衡感的冰摇咖啡

这是位于东京椎名町的圣多斯咖啡椎名町公园前店里的一款代表饮品——改良冰咖啡"冰摇咖啡"。冰浓缩咖啡在意大利已经成为了夏天的常规饮品，不过这款产品的做法比原产地更讲究，赢得了不少拥护者。店主希望人们能在日常生活中品尝到更加美味的浓缩咖啡。

浓缩咖啡、冰块、糖浆用电动搅拌机搅拌均匀，打出绵密的泡沫，就完成了一杯绝妙的冰摇咖啡，能充分凸显出浓缩咖啡醇厚的口感和香味。另外，这款饮品口感温和，仿佛加入了牛奶，苦与甜的绝妙平衡仿佛像是在品尝一份甜品，受到客人的好评。由于使用了电动搅拌机，可以在一定程度上节省制作时间。

< 材料（1杯）>
咖啡豆（深烘焙、极细粉）17g
浓缩咖啡（萃取量）约20mL
树胶糖浆 10mL
冰块 2个

< 做法 >
1. 接到订单后现磨咖啡豆，每一杯用17g咖啡粉萃取20mL浓缩咖啡，浓度较高。
2. 在浓缩咖啡中加入树胶糖浆和冰块，用电动搅拌机搅拌。
3. 当冰块还能保留一部分冰碴时停止。
4. 倒入玻璃杯中。

使用8种精品咖啡的深烘焙小果混合咖啡豆萃取浓缩咖啡，混合帕卡马拉（Pacamara）、波旁（Bourbon）、卡杜爱（Catusai）等品种和日晒、半干半湿等不同精制方式制成的咖啡豆，做出浓郁的苦味和扑鼻的芬芳。

冰摇摩卡咖啡

普雷斯托咖啡（presto coffee）

< 材料（1杯）>

浓缩咖啡 30mL
牛奶 140mL
巧克力酱 15g
冰块（调酒器用）适量
咖啡豆（装饰）2~3颗

< 做法 >

1. 使用14g中深烘焙混合咖啡豆，萃取30mL浓缩咖啡。
2. 将浓缩咖啡与巧克力酱混合，加入牛奶。
3. 和冰块一起倒入调酒器中摇晃。
4. 倒入玻璃杯中，用咖啡豆装饰。

用调酒器和红酒杯将摩卡咖啡做出鸡尾酒的感觉

　　将意大利冰摇咖啡改良成摩卡咖啡。材料混合后放入调酒器中充分摇匀，让浓缩咖啡、巧克力酱和牛奶融合成温和的味道。增加50日元可以换成双份浓缩咖啡。

Point

倒入红酒杯中供应，收紧的杯口能够留住气味，杯子靠近嘴边时客人能闻到扑鼻的香味。

96

马萨拉冰摇咖啡

城堡（CITADEL）

< 材料（1杯）>

浓缩咖啡 20mL　　木莓果酱 5mL

伯爵奶茶 30mL　　冰块 适量

姜汁酱 15mL　　八角 1个

鲜榨柠檬汁 5mL

< 做法 >

1. 将事先冷却的浓缩咖啡、伯爵奶茶（在牛奶中加入茶叶，在冰箱中浸泡24小时萃取）、姜汁酱、鲜榨柠檬汁和木莓果酱放入调酒器中，和冰块一起摇匀。

2. 倒入鸡尾酒杯中，可以用筛网过滤，让口感更加顺滑。

3. 点缀八角，增加香味，让外形更加夺人眼球。

用香料调和红茶与浓缩咖啡

　　主材是浓缩咖啡和伯爵奶茶，生姜和多种香料的香味让两种主材的味道更加统一。另外，少许柠檬汁的酸味和木莓果酱的风味也能成为点睛之笔。

Point

重点在于长时间低温萃取的伯爵奶茶和自制姜汁酱，里面加入了肉桂、豆蔻、丁香等8种香料。

果香冰摇咖啡

舵咖啡（RUDDER COFFEE）

< 材料（1杯）>
滴滤咖啡 90mL（浅烘焙肯尼亚基尼亚里
精品咖啡豆）
冰块 适量
自制果子露 15mL（蜂蜜、粗糖、热水等
量混合）

< 做法 >
1. 咖啡粉和热水以1∶10的比例萃取滴滤
   咖啡。
2. 将滴滤咖啡和自制果子露放入调酒器
   中，加冰块。
3. 全部食材混合均匀，摇晃30次，冷却。

用滴滤咖啡制作
像柠檬茶一样的冰摇咖啡

Point

普通的冰摇咖啡会使用浓缩咖啡，这款产
品改用了有水果风味的滴滤咖啡。具有柠檬般
酸味的咖啡和柔和的甜味果子露组合出清爽的
味道。用91℃左右的热水，一边缓缓搅拌咖
啡粉一边萃取，能引出果香。

摇晃调酒器，让
空气进入，做出
像卡布奇诺一样
的绵密泡沫。

甜品咖啡

Frozen Arrange

本章将介绍大人和孩子都喜欢的20款甜品咖啡，
有格兰尼它冰糕和奶昔，以及表面漂浮着冰激凌的饮品，
魅力在于能作为甜品品尝。

Iced Coffee

98

Frozen Arrange

浓缩咖啡格兰尼它

圣多斯咖啡 椎名町公园前店（SANTOS COFFEE 椎名町公園前店）

浓缩咖啡的香味和苦味，
在男女客人中间都很受欢迎

在位于东京椎名町的圣多斯咖啡椎名町公园前店的改良冰咖啡中，这款浓缩咖啡格兰尼它是夏季人气最高的冷冻饮品。作为浓缩咖啡的改良版本，这款咖啡从2016年开始售卖，在男女客人中间都很受欢迎。

这款咖啡的魅力在于能让客人充分品尝到浓缩咖啡的香味和苦味，使用17g咖啡粉萃取出50mL味道醇厚的浓缩咖啡，避免味道寡淡。

< 材料（1杯）>※
咖啡豆（深烘焙、极细粉）17g
浓缩咖啡（萃取量）50mL
牛奶 40mL
树胶糖浆 10mL
冰块 6个

< 做法 >

1. 接到订单后现磨咖啡豆，每杯用17g咖啡粉萃取50mL浓缩咖啡。
2. 在电动搅拌机中加入冰块、牛奶、树胶糖浆和浓缩咖啡搅拌。
3. 搅拌至没有冰碴，液体顺滑后停止。
4. 倒入玻璃杯中。

※如客人要求减少浓缩咖啡的量，可以用17g咖啡粉萃取25mL浓缩咖啡，将牛奶增加至75mL，树胶糖浆和冰块的用量不变。

幸运阿波罗奶昔

尼约尔咖啡(NIYOL COFFEE)

< 材料（1杯）>
浓缩咖啡 10mL
牛奶 100mL
白巧克力酱 20mL
草莓 约100g
冰块 约70g
黑巧克力酱 适量
打发奶油 适量
可可粉 适量

< 做法 >
1. 用18g深烘焙萨尔瓦多咖啡豆萃取20mL浓缩咖啡（实际用量为10mL）。
2. 将浓缩咖啡、牛奶、白巧克力酱、草莓和冰块放入搅拌机中，搅拌均匀。
3. 在玻璃杯内侧涂一层黑巧克力酱，倒入咖啡。
4. 挤上打发奶油，撒可可粉。

从冰冻摩卡派生出的饮品，加入水果，外形美观

因为要搭配牛奶和白巧克力酱，所以使用了苦味更浓的深烘焙萨尔瓦多咖啡豆。精选新鲜草莓，甜味清爽。喝下第一口，草莓的味道在口中散开，后味则是咖啡的余韵。

Point

从经典饮品冰冻摩卡派生出的创新饮品。除了草莓，还可以使用香蕉、蓝莓等水果制作。

Iced Coffee

100

Frozen Arrange

莓果冰冻摩卡

斯特拉达咖啡（CAFFE STRADA）

< 材料（1杯）>

A
- 浓缩咖啡 2份（约32mL，使用18g咖啡豆）
- 牛奶 35mL
- 草莓酱 15mL

B
- 巧克力酱 30g
- 冰块 120g
- 冷冻混合莓果 50g

打发奶油 2大勺
蓝莓酱 适量
薄荷 1枝

< 做法 >

1. 将材料A依次倒入小碗中，搅拌均匀，在冰箱中冷却。
2. 将材料B依次放入搅拌机中。
3. 将搅匀的材料A倒入搅拌机中搅拌。
4. 倒入玻璃杯中，加入打发奶油和蓝莓酱，用薄荷装饰。

强调浓缩咖啡的味道，口味成熟的冰冻饮料

使用双份浓缩咖啡做成的冰沙饮品。用可可粉和李子干果酱做成的自制巧克力酱调和了浓缩咖啡的苦味和莓果的酸味，口感酸甜醇厚，味道独特。

Point

使用了维他密斯（Vitamix）搅拌机。热浓缩咖啡无法做成冰冻饮料，所以重点是事先混合材料A，放入冰箱中冷却。

101

咖啡香蕉奶昔

奥萨鲁咖啡（OSARU COFFEE）

OSARU COFFEE

< 材料（1杯）>
浓缩咖啡 20mL（使用20g深烘焙巴西和肯尼亚混合咖啡豆）
牛奶 100mL
香蕉 90g
蜂蜜 5g
冰块 3个

< 做法 >
1. 香蕉切成适当大小，和浓缩咖啡、牛奶、蜂蜜、冰块一起放入搅拌机搅匀。
2. 倒入玻璃杯中。

根据店名自创的咖啡奶昔

猴子吃香蕉，店名中的"SARU"和日语中猴子的发音相同，于是自创了这款咖啡奶昔，在年轻女性中颇受欢迎。这款饮品像甜品一样，让不喜欢喝咖啡的人也能享用。加入少许蜂蜜，让浓缩咖啡和香蕉的味道更突出。

Point

浓缩咖啡的味道不会盖过香蕉的甜味，根据两者的平衡度调整咖啡的萃取量。

102 浓缩咖啡奶油香蕉奶昔

舵咖啡（RUDDER COFFEE）

< 材料（1杯）>

浓缩咖啡（使用以卢旺达
咖啡豆为主的深烘焙混合
咖啡豆）20mL
牛奶 30mL
鲜奶油（乳脂含量
38%）30mL
香蕉 1根
香草冰激凌 1勺
自制糖浆（洋槐蜂蜜、粗
糖、热水等量混合制成）
约30mL
冰块 适量
打发奶油 适量
浓缩咖啡粉 少许

< 做法 >

1. 将牛奶、鲜奶油和1/2
   根香蕉放入搅拌机中，
   加入香草冰激凌搅拌。
2. 尝试甜度和浓度后加入
   自制糖浆、浓缩咖啡和
   冰块，再次用搅拌机搅
   拌至浓稠。
3. 倒入杯中，挤入打发奶
   油，撒浓缩咖啡粉。

香味扑鼻的浓缩咖啡和香蕉做出的一杯令人满足的饮品

在人们的印象中，香蕉奶昔是小孩子的饮
料，这款饮品则改良成了大人的味道。在香醇
的咖啡中加入香蕉、冰激凌、鲜奶油，口感醇
厚。浓缩咖啡的香味以及最后撒上的浓缩咖啡
粉的芳香是这款产品的重点。

Point

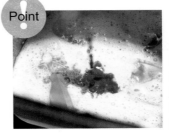

每根香蕉的甜度
和浓度不同，所
以要在尝过味
道后再微微调整
糖浆和冰块的
用量。

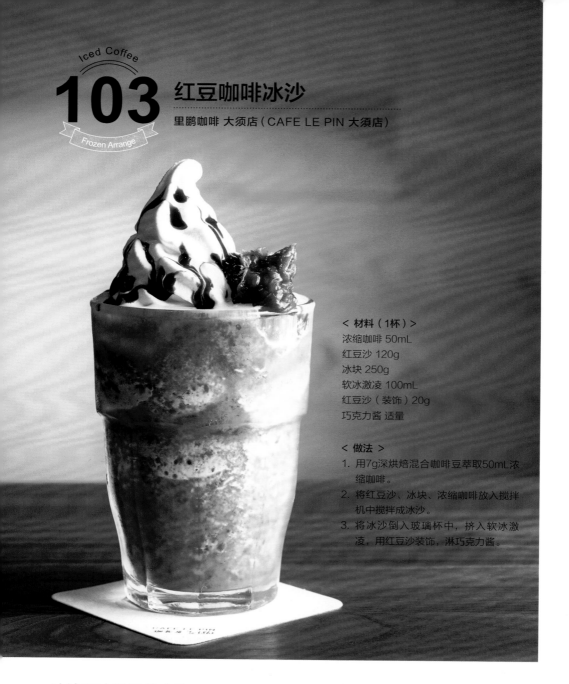

103 红豆咖啡冰沙

Frozen Arrange

里鹏咖啡 大须店（CAFE LE PIN 大须店）

< 材料（1杯）>

浓缩咖啡 50mL
红豆沙 120g
冰块 250g
软冰激凌 100mL
红豆沙（装饰）20g
巧克力酱 适量

< 做法 >

1. 用7g深烘焙混合咖啡豆萃取50mL浓缩咖啡。
2. 将红豆沙、冰块、浓缩咖啡放入搅拌机中搅拌成冰沙。
3. 将冰沙倒入玻璃杯中，挤入软冰激凌，用红豆沙装饰，淋巧克力酱。

冰沙和冰激凌做成的
夏日清爽红豆咖啡冰沙

浓缩咖啡、回味悠长的红豆沙和冰块，用搅拌机打成的冷饮。以前会用冰激凌，后来改成了更容易与其他食材融合的软冰激凌，造型更加立体。

Point

在红豆沙朴素的味道里加入了浓缩咖啡的苦味，后味清爽。这款红豆咖啡冰沙是典型的日式风格，是很受年轻人欢迎的冷饮。

雪顶焦糖拿铁

咖啡站28（COFFEE STAND 28）

< 材料（1杯）>
浓缩咖啡 20mL
牛奶 180mL
焦糖酱 30g
香草冰激凌 1勺
焦糖酱（装饰）适量
冰块 适量

< 做法 >
1. 在玻璃杯中放入冰块。
2. 倒入和焦糖酱搅拌均匀的牛奶。
3. 倒入萃取的浓缩咖啡。
4. 放香草冰激凌。
5. 点缀焦糖酱。

自制冰激凌中加入了香料

　　夏季的冷饮雪顶焦糖拿铁使用了自制冰激凌，加入了香料，味道醇厚。以前是用香草精增加香味，后来经过反复试做，加入了牙买加胡椒和豆蔻提味。6月中旬至8月末限时供应。

Point

拿铁中加入的焦糖酱（左）以及浇在冰激凌上的焦糖酱都是自制的。配合自制烘焙咖啡调整味道，降低了甜度。

橙味咖啡奶昔

烘焙咖啡实验室
（Roasted coffee laboratory）

保留了橙子啤酒的口感，
像甜点一样的饮品

店名中的"laboratory"意思是"实验室"，所以使用烧杯作为容器。使用哥伦比亚和危地马拉中烘焙混合咖啡豆，比例为2：8，香味浓郁。在特浓咖啡中加入冰激凌、鲜奶油和橙子啤酒做成奶昔，点缀浓缩咖啡粉装饰。咖啡和橙子的组合味道绝妙。

Iced Coffee

106

Frozen Arrange

香蕉摩卡奶昔

欧尼扬玛咖啡和啤酒
（ONIYANMA COFFEE & BEER）

熟透的香蕉甜味突出，
是人气颇高的奶昔

巧克力、香蕉与浓缩咖啡是绝配，调制成了适合大人的味道，熟透的香蕉的甜味是重点。

浓缩咖啡冰沙

咖啡店种子村
（Coffee stand seed village）

像甜品一样，
夏季特供咖啡

　　从6月至9月限时供应4个月。将巧克力冰激凌、牛奶、单份浓缩咖啡和冰块搅拌均匀，撒上巧克力碎装饰。一杯简单的咖啡，尽量控制甜度，保留了冰块脆脆的口感，是男性也会喜欢的味道，口感冰凉。

巧克力脆饼咖啡刨冰

拜伦湾面包咖啡
（Bun coffee Byron Bay）

双份浓缩咖啡做成的刨冰，
散发着成熟的味道

　　牛奶、纯可可粉、黑巧克力、用来增加甜味的焦糖酱和浓缩咖啡做成的夏季冷饮。使用以巴西咖啡豆为主的深烘焙混合咖啡豆，苦味浓郁。为了突出咖啡的味道，萃取双份浓缩咖啡。清凉的味道中能品尝到巧克力脆饼酥脆的口感和奶油绵密的口感。增加50日元可以将牛奶换成豆奶。

Iced Coffee

109

阿芙佳朵

萨雷多咖啡（Saredo Coffee）

Frozen Arrange

**甜品一样的咖啡，
吸引了各个群体的客人**

　　像甜品一样的改良冰咖啡受到低年龄客人的欢迎，让他们也能品尝到美味的咖啡。玻璃杯中加入香草冰激凌、牛奶、浓缩咖啡，最后加入使用深烘焙哥伦比亚精品咖啡豆，用滤布萃取出的咖啡做成的咖啡格兰尼它。浓缩咖啡则使用了巴西、哥伦比亚、危地马拉、印度尼西亚的深烘焙混合咖啡豆。醇厚的口感和恰到好处的苦味与甜味相辅相成，和牛奶的味道搭配和谐。

香草冰激凌咖啡

萨雷多咖啡（Saredo Coffee）

根据刨冰开发的饮品，
可以成为咖啡入门款

和阿芙佳朵一样，可以成为大家品尝咖啡的入门款饮品。加入适量白砂糖的液体咖啡直接冷冻，然后搭配香草冰激凌。冰块融化后变成冰沙。香草冰激凌上撒了可可粉，点缀上恰到好处的苦味。

Iced Coffee

111

Frozen Arrange

冰冻布丁

弗兰克咖啡研究室
（Coffee LABO frank…）

灵感来源于茶屋的布丁，
冰冻的意式甜品

　　根据客人的建议，将茶屋的布丁做成了咖啡冰糕。英式淡奶酱和牛奶分别冷冻后用搅拌机混合，在上面点缀外表像焦糖、浓缩咖啡做成的刨冰和樱桃。

Iced Coffee
112
Frozen Arrange

咖啡蜜
寄鹭馆（寄鷺館）

黏稠的口感中
融入白兰地的风味

冷萃冰咖啡、香草冰激凌、牛奶混合成的奶昔，口感浓稠、味道温和。重点是加入了两三滴白兰地，去掉了乳制品特有的腥味，不喜欢喝咖啡的女性也能享用。使用了巴西、苏门答腊、乞力马扎罗、危地马拉自制深烘焙混合咖啡豆。乞力马扎罗咖啡豆清爽的酸味很适合做成冰咖啡。

加入杏仁黄油的芳香和甘甜的雪顶咖啡

　　这款原创雪顶咖啡的关键在于美味的杏仁黄油。在玻璃杯中加入冰块，依次倒入牛奶和双份浓缩咖啡，然后放香草冰激凌和杏仁黄油，外形美观。杏仁黄油的芳香和甘甜与香草冰激凌、咖啡搭配合适。牛奶和浓缩咖啡分成两层，可以和香草冰激凌、浓缩咖啡一起入口，味道就像阿芙佳朵一样。使用危地马拉、巴西、埃塞俄比亚中深烘焙混合咖啡豆，加埃塞俄比亚日晒咖啡豆萃取浓缩咖啡，后味散发着莓果的清香。

焦糖雪顶咖啡

智者咖啡（WISE MAN COFFEE）

**将带有花香的咖啡做成
像甜品一样的雪顶咖啡**

　　灵感来源于咖啡师在国外品尝过的、带有花香的咖啡，是针对女性客人开发的一款焦糖雪顶咖啡。在冰咖啡中加入莫宁牌焦糖糖浆，放上香草冰激凌，最后淋冷冻过的焦糖酱。使用焦糖酱让冷饮的味道更像甜品。冰咖啡的香味不输焦糖，使用了曼特宁、哥伦比亚和危地马拉意式烘焙混合咖啡豆，加入一成左右浅烘焙埃塞俄比亚和巴西混合咖啡豆，增加果香味。

Iced Coffee

115

Frozen Arrange

雪顶氮气冷萃咖啡

星巴克咖啡 东京中城日比谷店
（スターブックスコーヒー　東京ミッドタウン日比谷店）

口感膨松的新感觉雪顶咖啡

　　在冰激凌上倒入氮气冷萃咖啡，是店里最受欢迎的饮品。自制咖啡加了焦糖，是星巴克的第一款雪顶咖啡。满满的冰激凌和咖啡渐渐融合，味道高级。氮气冷萃咖啡不加热，花14个小时萃取。采访时，使用了中烘焙卢旺达阿巴坤达卡瓦咖啡豆。这种咖啡豆酸味重，通过长时间萃取引出甜味，有柔和的果味。

拿铁冰激凌咖啡

拉花爱好者烘焙店
（LatteArt Junkies RoastingShop）

选择冰激凌的过程很愉快，
考虑到和咖啡搭配，
准备了种类丰富的冰激凌

　　为了"传播咖啡的美味"，店铺和冰激凌厂商合作，准备了多种冰激凌供客人选择。除了用自制烘焙咖啡制作的咖啡冰激凌之外，还有加入朗姆酒葡萄干、橙子啤酒做成的咖啡冰等，客人可以享受各种组合。为了充分品尝到咖啡的味道，降低了冰激凌的甜度。

格兰尼它咖啡冰沙

法康咖啡烘焙工作室
（CAFÉ FACON ROASTER ATELIER）

冰冻咖啡脆脆的口感魅力十足

　　用埃塞俄比亚耶加雪啡咖啡豆制作的格兰尼它和冰咖啡组合，加入香草冰激凌、打发奶油，用薄荷作为装饰。这款冰冻咖啡能够让客人享受到脆脆的口感和甜点的感觉，受到年轻人和孩子们的欢迎。为了避免咖啡变淡，使用了用中深烘焙咖啡豆制作的咖啡格兰尼它，冰咖啡用的是法式烘焙咖啡豆，分别用滤纸萃取。7月至8月供应。

无酒精
鸡尾酒咖啡
Coffee Mocktail

无酒精鸡尾酒是一款时尚饮品，是不含酒精的鸡尾酒饮料，

不仅味道层次丰富，还能让人体会到像喝鸡尾酒一样，在日常生活中不常能体会到的乐趣。

本章将介绍6款新颖、特别的无酒精鸡尾酒咖啡。

Iced Coffee

118

Coffee Mocktail

豆荚

诺普（Knopp）

展现出咖啡豆果实形状的一款饮品，充满热带的感觉

带有苹果风味的咖啡豆味道就像苹果肉桂，加上有苹果风味的可可糖浆、肉桂和柠檬，展现出咖啡豆果实的原样，是一款像热带果汁一样的无酒精鸡尾酒咖啡。

< 材料（1杯）>
可可糖浆 30mL
可可蜂蜜 15mL
肉桂粉 少许
柠檬汁 1小勺
浓缩咖啡（哥斯达黎加迪亚曼特）30mL
碎冰 适量
苏打水 60mL
紫花罗勒 适量

< 做法 >
1. 将可可糖浆、可可蜂蜜、肉桂粉放入调酒器中混合至没有粉末。
2. 加入柠檬汁、浓缩咖啡后继续混合。
3. 将碎冰放入可可豆的豆荚中，倒入咖啡。
4. 倒入苏打水，整体搅拌几下。
5. 用紫花罗勒装饰。

Point

可可蜂蜜与肉桂充分混合，可以与之后倒入的液体充分融合。

Iced Coffee

119

Coffee Mocktail

西瓜咖啡

诺普（Knopp）

西瓜和咖啡的组合出人意料，
用豆蔻调和的一款无酒精鸡尾酒咖啡

与多汁的西瓜组合，咖啡的味道与浓郁的甜味形成鲜明对比。豆蔻作为调和剂，提高了西瓜和咖啡的融合度。西瓜衬托出咖啡的巧克力后味。

< 材料（1杯）>
西瓜 150g
岩盐 1撮
豆蔻粉 适量
玛格丽特盐 适量
浓缩咖啡（巴西日晒品种）30mL

< 做法 >
1. 在搅拌杯中放入西瓜压碎。
2. 加入岩盐混合。
3. 将豆蔻粉和玛格丽特盐混合，在玻璃杯口粘上半圈。
4. 将冰块放至玻璃杯中八分满。
5. 在西瓜中倒入浓缩咖啡搅拌，一边冷却一边加水。
6. 倒入玻璃杯中，用西瓜（材料外）装饰。

因为咖啡不适合搭配生西瓜，所以要选择糖分高的全熟西瓜，挖成小球形状。不加糖，用盐提味。

Iced Coffee
120
Coffee Mocktail

香草美式

诺普（Knopp）

用香草水萃取，
用柑橘类的纯净酸味增加层次

柑橘类咖啡豆酸味纯净，通过用香草水萃取，让酸味更加醇厚，香味更加复杂，多种层次的味道更有深度。用橘子酱、柠檬马鞭草糖浆展现甜味和华丽感。

< 材料（1杯）>
中粉咖啡豆（哥斯达黎加玛格丽塔）
12g
香草水※1 100mL
冰块 适量
橘子酱※2 20g
香草糖浆※3 10g
迷迭香 1枝
橙子干 1片

< 做法 >
1. 在爱乐压中放入咖啡豆，加入88℃的香草水，搅拌30秒。
2. 杯中放入冰块，倒入咖啡急速冷却。
3. 在玻璃杯中倒入橘子酱和香草糖浆，加冰块。
4. 缓缓倒入冷却的咖啡。
5. 加迷迭香，装饰橙子干。

※1 香草水
< 材料 >
薄荷 1撮　迷迭香 1枝
水 500mL

< 做法 >
1. 将薄荷以及用喷枪烤过的迷迭香放入瓶子中加水。
2. 静置2小时后取出薄荷和香草。

※2 橘子酱
< 材料 >
橘子 适量
白砂糖 橘子量的30%～35%

< 做法 >
1. 仔细剥掉橘子的薄皮，放入锅中开火加热。
2. 变黏稠后加入白砂糖，炖煮片刻，避免烤焦。

Point

香草水能很好地引出咖啡的风味。要按照书中标注的水温和搅拌时间萃取。

※3 香草糖浆
< 材料 >
柠檬马鞭草 3g　　香草豆 1枝
白砂糖 150g　　　水 150mL

< 做法 >
1. 将所有材料放入锅中开火加热。
2. 白砂糖化开后放在瓶中密封保存。

坚果阿芙佳朵

诺普（Knopp）

阿芙佳朵改良版。带有坚果香味的咖啡和柠檬、薄荷是绝配

灵感来源于逆向阿芙佳朵。和自制杏仁奶组合，最大限度地衬托出咖啡中的坚果香味。柠檬和薄荷的清香让味道更加立体。整体味道清爽，是非常适合夏天的一款无酒精鸡尾酒咖啡。

< 材料（1杯）>
新鲜杏仁 15g　　　水 45mL
柠檬汁 1小勺　　　黑糖 3g
薄荷 1撮※1 适量　　冰块 适量
咖啡冰沙※1 适量
薄荷（装饰用）适量
黑糖（装饰用）适量
柠檬皮 适量

< 做法 >
1. 新鲜杏仁连皮浸泡在水中，静置一晚后清洗干净。
2. 将杏仁、水、柠檬汁、黑糖放入容器中，用搅拌机搅拌成黏稠的液体。
3. 过滤后倒入调酒器中，加薄荷、冰块摇晃。
4. 在玻璃杯中倒满咖啡冰沙。
5. 倒入步骤3的液体，点缀薄荷、黑糖。
6. 用柠檬皮装饰。

※1 咖啡冰沙
< 材料 >
鲜奶油 100mL
砂糖 20g
冷萃咖啡（使用巴西日晒咖啡豆）
100mL

< 做法 >
1. 在温热的鲜奶油中加入砂糖，混合溶解。
2. 在冷萃咖啡中加入鲜奶油，搅拌均匀，放在冷冻室中保存。

Point 在调酒器中让冰块撞击薄荷，能让杏仁奶带上薄荷的清香，成品更加美味。

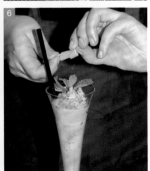

无酒精姜汁咖啡

诺普（Knopp）

利用爱乐压，将香料和咖啡的味道充分融合

充分利用美国爱乐压，让放在容器中的食材同时浸润。除了能充分萃取出拥有肉桂香气的咖啡豆和香料融合的味道，还能体会到现冲咖啡的新鲜感。

< 材料（1杯）>
芫荽（整个）1g
豆蔻（整个）1g
姜 8g
中粉咖啡豆（哥斯达黎加埃尔迪亚曼特）14g
热水 100mL
粗糖 9g
柠檬 1/8个
冰块 适量
苏打水 适量
姜片 适量

< 做法 >
1. 在研钵中放入芫荽、去皮豆蔻后碾碎，加入去皮的姜继续碾碎。
2. 在爱乐压中放入咖啡豆和步骤1的材料，倒热水加压，静置2分30秒后上下推压。
3. 将咖啡倒入玻璃杯中，加粗糖搅拌。
4. 挤入柠檬汁，然后将柠檬直接放入玻璃杯中，加冰块，倒苏打水，用姜片装饰。

Point

推压爱乐压，多次加压，充分挤出香料的味道。

Iced Coffee
123
Coffee Mocktail

醋味冰摇咖啡

诺普（Knopp）

醋做成的冰摇咖啡，
甜味、酸味融合，味道丰富

酸甜平衡，有多汁的桃子和橙子香味的咖啡。加醋做成的冰摇咖啡有格外绵密的泡沫。

甜味和酸味混合的绵密口感中，能够体会到丰富的香味。

< 材料（1杯）>
浓缩咖啡（洪都拉斯尼尔森）60mL
果醋※1 40mL
冰块 适量
葡萄（苏丹娜）适量

< 做法 >
1. 将浓缩咖啡、果醋和冰块放入调酒器中。
2. 充分摇匀。
3. 过滤后倒入玻璃杯中，装饰葡萄。

※1 果醋
< 材料 >
黑醋 3大勺
柠檬蜂蜜 3大勺
葡萄（苏丹娜）15粒
西洋接骨木 2g

< 做法 >
1. 将黑醋、柠檬蜂蜜、葡萄放入锅中开火加热，碾碎葡萄。
2. 关火后加入西洋接骨木搅拌均匀，放入冷藏室中，冷却后过滤。

Point

摇晃后让液体中充入空气，让甜味、酸味和浓缩咖啡的味道融合。

店 铺 信 息

Shop Information

01 东京·银座
只卖咖啡的店
（珈琲だけの店　Café de l'ambre）

关口一郎于1948年在东京银座开办的一家老店，是自制烘焙咖啡专卖店。提供"白与黑"在内的多种将萃取出的咖啡加冰的冰咖啡。使用特制尼龙滤网制作的咖啡不仅受到日本人的欢迎，也受到外国客人的喜爱。

- ■地址：东京都中央区银座8-10-15
- ■电话：03（3571）1551
- ■营业时间：平日12～22点，周末、节假日12～19点
- ■休息日：无休（除年底外）
- ■面积、座位数：约35平方米、少于30席
- ■客单价：900日元

02 东京·南千住
巴赫咖啡（カフェ·バッハ）

1968年开业，让日本国内外咖啡爱好者汇聚的自制烘焙咖啡名店。店主田口护于1974年开始自制烘焙咖啡，在巴赫咖啡集团中指导后辈，并在日本全国各地开设了分店。除自制咖啡之外，他还在店里制作纸滤咖啡，多年来一直致力于推广家庭纸滤咖啡。

- ■地址：东京都台东区日本堤1-23-9
- ■电话：03（3875）2669
- ■营业时间：周一、周二、周三、周日9～19点，周四、周六9～20点
- ■休息日：周五
- ■面积、座位数：约42平方米、36席
- ■客单价：1400日元

03 东京·门前仲町
咖啡专卖店 东亚
（珈琲専門店 東亜）

1980年开业的托亚咖啡（toa-coffee）公司旗下的咖啡专卖店。公司主营精品咖啡，主办卓越杯比赛，拥有混合咖啡、黑咖啡、维也纳咖啡等各式咖啡。多年来，这里都是当地客人和游客喜爱的驻足地。店里还出售咖啡豆。

- ■地址：东京都江东区门前仲町1-7-9 1层
- ■电话：03（3641）7595
- ■营业时间：平日10～20点，周末、节假日10～19点
- ■休息日：无休
- ■座位数：16席
- ■客单价：500日元

04 福冈·福冈
科尼利奥（Coniglio）

店主伊东亮的本职工作是调酒师，因喜爱咖啡拉花而开始关注咖啡。他在福冈井尻经营了14年心爱的店铺"古托（guto）"，咖啡酒吧"科尼利奥"是"古托"的3号店，于2017年3月开业。店铺位于福冈市中心地区，是年轻人聚集的地方。店里供应充分利用鸡尾酒技术调出的、外观华丽的改良冰咖啡。

- ■地址：福冈县福冈市中央区大名1-2-28-104
- ■电话：092（753）7207
- ■营业时间：19～凌晨5点
- ■休息日：周四（节假日营业）
- ■面积、座位数：约15平方米、13席
- ■客单价：白天800日元，晚上1300日元

05 里鹏咖啡 大须店
爱知·名古屋
（CAFE LE PIN 大须店）

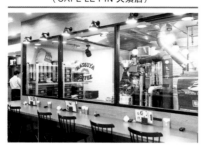

有111年历史的松屋咖啡总店的直营咖啡馆，有约60种高品质的自制烘焙咖啡豆。可以对比各种咖啡的味道，菜单中有在冰激凌中加入浓缩咖啡的甜品，每周还提供冷萃咖啡（夏季限时提供），并且经常推出为年轻人和女性客人开发的冷饮，比如加入鲜奶油和果子露的饮品。

- ■地址：爱知县名古屋市中区大须3-30-59 OSU301 1层
- ■电话：052（251）1601
- ■营业时间：9～19点30分
- ■休息日：无休
- ■座位数：59席
- ■客单价：550日元

06 斯特拉达咖啡
东京·荻洼
（CAFFE STRADA）

提供种类丰富的饮品、甜品和餐食。位于车站附近的大楼中，隐蔽的位置营造出宁静的气氛，受到很多常客的喜爱。饮品以浓缩咖啡为主，冷饮中人气最高的是花香风味的拿铁，客人可以从13种糖浆中选择加入自己喜欢的花香糖浆。

- ■地址：东京都杉并区荻洼4-21-19 荻洼天空树 101
- ■电话：03（3392）5441
- ■营业时间：11点30分～23点
- ■休息日：周一
- ■面积、座位数：约56平方米、26席
- ■客单价：1000日元

07 咖啡诺托
大阪·玉造
（CAFENOTO COFFEE）

2011年7月开业的精品咖啡专卖店，从浓缩咖啡到滴滤咖啡应有尽有，品种繁多。2019年3月开始，店里开设伊侬咖啡烘焙所，开始自制烘焙咖啡。有埃塞俄比亚、曼特林、哥伦比亚、巴西等单一品种原创咖啡豆和两种混合咖啡豆。客户层广，既有当地客户，也有慕名而来的外地客户。

- ■地址：大阪府大阪市中央区上町1-6-4
- ■电话：06（4304）2630
- ■营业时间：11～18点30分
- ■休息日：周五、每月第三个周一
- ■面积、座位数：约50平方米、14席
- ■客单价：800～900日元

08 托基罗咖啡（tokiiro coffee）
爱知·安城

住宅区的旧木质仓库改造而成，2018年8月开业。咖啡师省名花奈子拥有与生俱来的优秀品位，店铺的装饰风格前卫，受到了以年轻女性为主的客人的喜爱。提供浓缩咖啡和原创手冲滴滤咖啡两种。原创改良咖啡在平时不习惯喝咖啡的客人中也很受欢迎。

- ■地址：爱知县安城市和泉町上之切157
- ■营业时间：11～19点
- ■休息日：周一、周四
- ■座位数：12席
- ■客单价：950日元

09 千叶·船桥
舵咖啡（RUDDER COFFEE）

由世界咖啡冲煮大赛的第一位亚洲冠军粕谷哲和船桥"咖啡城计划"实行委员长梶真佐巳开办，自制烘焙店"费罗咖啡（PHILOCOFFEEA）"系列店铺之一。2018年2月开业，提供高品质精品咖啡。采取立食形式，提供轻食、无酒精鸡尾酒咖啡、改良咖啡等多种商品。

■地址：千叶县船桥市本町7-1-1 沙坡船桥南馆内1层
■电话：047（409）5655
■营业时间：7～21点、周四、周日8～20点
■休息日：不定休
■面积、座位数：约16平方米、7席
■客单价：750日元

10 福冈·福冈
城堡（CITADEL）

现有100多种自制利口酒和咖啡鸡尾酒，2017年开业。提供200多种饮品，其中在咖啡中加入酒精，有香料风味的"咖啡莫吉托"在其他店铺中很少见，已经成为了此类改良咖啡的代名词。

■地址：福冈县福冈市中央区大名1-8-40 林毛町通大厦2层
■电话：092（688）4190
■营业时间：17～凌晨3点
■休息日：周一（节假日营业，改为第二天休息）
■面积、座位数：约46平方米、35席
■客单价：2000日元

11 大阪·心斋桥
利洛咖啡 喫茶（LiLo Coffee Kissa）

位于心斋桥，以烘焙为主的茶屋风格咖啡馆。可以在多种烘焙咖啡豆中自由选择，还提供与其他咖啡店不同的多种改良咖啡。重视每一款咖啡的口味，通过不同萃取方式以及与自制果酱组合，为改良冰咖啡增加变化。

■地址：大阪府大阪市中央区心斋桥筋2-7-25 金子大厦2层
■电话：06（6226）8682
■营业时间：11～21点
■休息日：无休
■面积、座位数：约40平方米、24席
■客单价：800～1200日元

12 福冈·福冈
尼约尔咖啡（NIYOL COFFEE）

位于福冈市西部商业街、学生街西新地区。距离西新站前的商店街有一段距离，开在小路深处，2018年6月开业。店主兼咖啡师越智大辅在能释放天性的咖啡馆"田中咖啡"（福岛县系岛市）学习了咖啡知识和技术，会采购新鲜咖啡豆自制烘焙。充满个性的饮品颇受好评，"冰冻摩卡"是最著名的饮品。

■地址：福冈县福冈市早良区祖原14-21
■营业时间：11～20点，周六11～22点，周日11～18点
■休息日：周四
■面积、座位数：约33平方米、约20席
■客单价：800日元

13 爱知·名古屋
普雷斯托咖啡（presto coffee）

像海外咖啡馆一样简洁的空间。不少回头客冲着店主兼咖啡师吉冈利征调制的正宗改良冰咖啡而来。浓缩咖啡是店里的招牌，除此之外还有各种图案的拿铁拉花、装在玻璃杯中的咖啡鸡尾酒和无酒精鸡尾酒、阿芙佳朵等饮品，种类丰富。

■地址：爱知县名古屋市名东区一社1-46-2 艾托乐社1层
■电话：052（977）5331
■营业时间：12～18点，周三、周六12～23点
■休息日：周一
■面积、座位数：约50平方米、20席
■客单价：850日元

14 爱知·名古屋
树干咖啡与精酿啤酒（TRUNK COFFEE & CRAFT BEER）

咖啡师铃木康夫长期在北欧丹麦工作，这是他管理的"树干咖啡"2号店。2017年6月开业，以精品咖啡和精酿啤酒为主的饮品展现出创作者的个性，背后蕴含着丰富的故事。每天使用不同咖啡豆冲泡的咖啡，以及限量售卖的咖啡啤酒吸引着爱好者们远道而来，只为品尝一杯珍贵的饮品。名古屋市内现有三家店铺。

■地址：爱知县名古屋市中区上前津1-3-14
■电话：052（321）6626
■营业时间：11～23点
■休息日：不定休
■面积、座位数：约66平方米（1层～3层）、20～25席
■客单价：1000日元

15 神奈川·片濑江之岛
古德曼咖啡（Goodman Coffee）

2016年5月开业，店主三家健司经营的地域密集型咖啡馆。距离江之岛较近，位于住宅区中心，客人以附近的居民为主，冲浪者、游客等不同年龄层的客人也会前来光顾。提供滴滤咖啡和浓缩咖啡，冷热均有，还经常有新作登场。

■地址：神奈川县藤泽市片濑4-10-20
■电话：0466（53）9343
■营业时间：10～19点
■休息日：周四
■面积、座位数：约16平方米、14席
■客单价：500～600日元

16 福冈·福冈
中立咖啡（NEUTRAL COFFEE）

店主、烘焙师西冈彻曾在福冈市平尾的人气烘焙坊"每日咖啡"学习烘焙技术，他重视苦味、酸味和甜味的平衡，能凸显出咖啡豆的个性。按照不同主题采购南美洲、非洲、亚洲等来自全世界的咖啡豆，混合咖啡豆、单品咖啡豆加起来超过10种。店里既有咖啡，也提供丰富的饮品和甜点。

■地址：福冈县福冈市早良区藤崎2-1-1 寿大厦103
■电话：092（845）1180
■营业时间：10～20点，周五、周六、节假日前一天10～22点
■休息日：周二
■面积、座位数：约43平方米、11席
■客单价：500～1000日元

17 东京·中目黑
星巴克甄选 东京（スターバックス リザーブ®ロースタリー 東京）

2019年2月，全球第五家星巴克高级旗舰店在东京中目黑开业，是兼有烘焙工厂的星巴克咖啡概念店，在这里能够"展现咖啡的革新"。店里有很多独一无二的新颖咖啡鸡尾酒。

- ■地址：东京都目黑区青叶台2-19-23
- ■电话：03（6417）0202
- ■营业时间：7~23点
- ■休息日：不定休
- ■座位数：300席

18 大阪·北堀江
咖啡时间 西部（THE coffee time WEST）

2013年，"咖啡时间 本部"1号店开业，在2016年开业的2号店"西部"可以享用到原创咖啡和甜甜圈。店铺重视手工制作，认为"哪怕要花很长时间，也要提供精心制作的产品，让为手工制作而来的客人感到愉快"。本书介绍的改良冰咖啡是"咖啡时间 本部"提供的。

- ■地址：大阪府大阪市西区北堀江1-17-23 兰花广场1层
- ■营业时间：8~18点
- ■休息日：无休
- ■座位数：12席
- ■客单价：700日元

19 东京·市之谷
拜伦湾面包咖啡（Bun coffee Byron Bay）

2005年，大卫·肯尼迪在澳大利亚创立了有机咖啡烘焙日本1号店，使用从全世界甄选的有机咖啡豆，做出6种混合咖啡豆。此外，还发售4种单份精品咖啡。冰咖啡有3种，分别是澳式黑咖啡、滴滤咖啡和冷萃咖啡。

- ■地址：东京都千代田区五番町4-2
- ■电话：03（3288）3008
- ■营业时间：周一至周五 8~18点，周六10~18点
- ■休息日：周日、节假日
- ■面积、座位数：约15平方米、6席
- ■客单价：400日元

20 大阪·难波
布鲁克林烘焙公司 大阪难波店（Brooklyn Roasting Company）

起源于纽约布鲁克林的咖啡店。日本现在一共有5家店铺，东京2家、大阪3家。最新一家店铺是2019年10月开业的东京国际论坛店。大阪难波店占地广阔，是旗舰店。共有大约20种咖啡豆，销售价格为1500日元（不含税）/200g起。

- ■地址：大阪府大阪市浪速区敷津东1-1-21 难波EKIKAN
- ■电话：06（6599）9012
- ■营业时间：8~20点
- ■休息日：不定休
- ■座位数：约100席
- ■客单价：600~700日元

21 福冈·福冈
咖啡店种子村
（Coffee stand seed village）

2013年开业的人气咖啡馆。饮品几乎全都是浓缩咖啡，早8点至10点提供200日元的咖啡以及100日元的浓缩咖啡，这项服务非常适合商业街。有夏季限时提供的咖啡鸡尾酒，随季节变换的菜单也是老顾客的乐趣之一。同时销售自制烘焙的咖啡豆。

■地址：福冈县福冈市中央区大名2-4-31
■电话：080（1537）8701
■营业时间：8～18点，周六10～18点
■休息日：周日、节假日
■面积、座位数：约13平方米、7席
■客单价：咖啡360元

22 京都·京都
滴滤咖啡供应
（DRIP & DROP COFFEE SUPPLY）

银阁寺店位于通往银阁寺和哲学之道的路上，是一家充满风情的街角咖啡店。河源町坐落着各种各样的店铺，有静静伫立的咖啡小店蛸药师店，有用小型烘焙机少量研磨高品质咖啡豆的微烘焙店，丰富多彩的店铺都很适合所处的位置，还准备了配合店铺概念的菜单，同时销售咖啡豆。

<银阁寺店>
■地址：京都府京都市左京区净土寺东田町55-1 1层
■电话：075（741）6411
■营业时间：9～18点
■休息日：无休
■面积、座位数：约16平方米、4席
■客单价：咖啡400日元起，咖啡豆1000日元

23 爱知·名古屋
寄鹭馆（寄鹭馆）

1975年开业的自制烘焙咖啡专卖店。有40年以上的历史，追求理想的味道，采用深烘焙，力求将咖啡豆的力量浓缩到极致。萃取时使用尼龙滤网，能让豆子在闷蒸时充分膨胀。提供种类丰富的原创混合咖啡豆，改良饮品的灵感新颖，咖啡种类超过50种。

■地址：爱知县名古屋市天白区岛田1-906
■电话：052（803）5252
■营业时间：9～20点
■休息日：周一，每月第三个周三
■面积、座位数：约66平方米、38席
■客单价：600日元

24 爱知·名古屋
咖啡元年 中川总店
（珈琲元年 中川本店）

富士咖啡长年经营咖啡豆的烘焙和批发，"咖啡元年"旨在创造新的咖啡文化。2016年11月开业的中川总店沿运河而建，地理位置优越。这是一家超过120席的大型店铺，每一杯都是手工制作，有手冲咖啡、拉花卡布奇诺以及法式烘焙产品，牢牢抓住了当地客人的心。

■地址：爱知县名古屋市中川区广川町5-8
■电话：052（361）1118
■营业时间：7点30分～22点
■休息日：不定休
■面积、座位数：约260平方米、124席
■客单价：660日元

25 东京·汤岛
自制烘焙咖啡 金鱼虫
（自家焙煎珈琲 みじんこ）

主营精品咖啡，菜单丰富，有用料十足的热三明治、分量满满的蛋糕，还有铁板烤的法式吐司，是一家人气很高的店铺。咖啡有混合咖啡、单品咖啡、浓缩咖啡等17种。此外还有应季浓缩咖啡饮品。不少年轻女性从其中发现了咖啡的魅力。

■地址：东京都文京区汤岛2-9-10 汤岛三组大厦1层
■电话：03（6240）1429
■营业时间：平日11~21点，周末、节假日10~20点
■休息日：不定休
■面积、座位数：约73平方米、27席
■客单价：平日1110日元，周末、节假日1300日元

26 兵库·神户
弗兰克咖啡研究室
（Coffee LABO frank…）

2013年10月，弗兰克立食咖啡店"Coffee stand frank"开业。2016年2月，店铺搬到附近大厦的3层。店名改为"LABO"，开始经营自制烘焙和举办咖啡研讨会。店主北岛宏佑通过各种渠道传播精品咖啡的魅力。每一天由不同的咖啡师驻店，提供有个人风格的原创咖啡。

■地址：兵库县神户市中央区元町通3-3-2
■营业时间：12~24点，周日、节假日12~19点
■休息日：不定休
■面积、座位数：约33平方米，吧台10席、站席5席
■客单价：800日元

27 北海道·札幌
咖啡站28（COFFEE STAND 28）

自制烘焙精品咖啡可以用两种方式享用，分别是手冲和浓缩。2013年，咖啡站28在札幌郊外开张，店主兼咖啡师山口江夏负责咖啡豆的烘焙和萃取，他的妻子绫乃负责制作冰激凌、布丁和烘焙点心。手冲咖啡可以从6种单品咖啡豆、2种混合咖啡豆中选择，提供冷热两种。夏季有限时供应的冷萃咖啡和改良冷饮等。

■地址：北海道札幌市白石区荣通18丁目6-5 浅沼大厦1层
■电话：011（876）0729
■营业时间：7点30分~19点，周日、节假日10~17点
■休息日：周五，不定期休假
■面积、座位数：约60平方米、16席
■客单价：800日元

28 爱知·知多
奥索咖啡（OISEAU COFFEE）

能享用到精品咖啡的咖啡烘焙店，吸引了众多当地客人和咖啡爱好者光顾。以单品咖啡豆为主，提供8种选择，用吉森烘焙机引出豆子层次丰富且纯净的味道。除了能品尝到普通咖啡之外，还有充分发挥咖啡豆香味的创意饮品，受到客人的喜爱。

■地址：爱知县知多市新舞子字大口204-9
■电话：0569（43）4649
■营业时间：9~18点
■休息日：周三，每月第二和第四周的周二
■面积、座位数：约46平方米，16席
■客单价：咖啡900日元，咖啡豆1100日元

29 北海道·札幌
克拉克森咖啡烘焙机
（CLAXON CoffeeRoasters）

2017年12月在札幌郊外的住宅区开业的自制烘焙咖啡专卖店。提出"精品咖啡与日式点心"的组合，在改良冰咖啡里加入了抹茶、黑蜜、和三盆等日式食材。还有阿芙佳朵、加入果冻的浓缩咖啡等夏季限时供应的改良冰咖啡，种类丰富多彩。

■地址：北海道札幌市丰平区福住1条1丁目14-18
■电话：011（598）8243
■营业时间：11～19点30分，周日、节假日12～19点30分
■休息日：周三
■面积、座位数：约50平方米、13席
■客单价：1000日元

30 大阪·难波
奥萨鲁咖啡
（OSARU COFFEE）

店主选择从东京国分寺"原尺寸婴儿床（Life size cribe）"采购精品咖啡。只采用滴滤方式萃取咖啡，改良冰咖啡定位于普及咖啡本身的魅力。除了常规饮品之外，还有众多原创饮品可供选择。自制三明治和甜品也有很高的人气。

■地址：大阪府大阪市浪速区元町1-7-15
■电话：06（6648）8161
■营业时间：10～21点
■休息日：周日
■面积、座位数：35平方米、11席
■客单价：500日元

31 京都·北野白梅町
拉花爱好者烘焙店 北野天满宫店（LatteArt Junkies RoastingShop 北野天満宮店）

店主大西刚不仅参加拿铁拉花比赛，还亲自主办了"咖啡拉花"比赛，非常热心培养年轻人。2015年，他在老家京都开办了咖啡烘焙店，2016年2月2号店北野天满宫店开业，2018年阪急洛西口站前店开业。平时备有七八种咖啡豆，冰咖啡有急速冷却的滴滤萃取和冷萃等，浓缩和萃取方式多种多样。

■地址：京都府京都市上京区纸屋川町839-3
■电话：075（463）6677
■营业时间：8～18点
■休息日：周二
■面积、座位数：69平方米、店内8席（有露台）
■客单价：600～700日元

32 京都·上京区
马梅巴科（MAMEBACO）

是位于京都元田中的精品咖啡自制烘焙所"旅之音"的2号店，2019年4月开业。像烟酒店一样大小的店铺，店主能轻松地与客人交流。只能外带，饮品以手冲滴滤咖啡和改良咖啡为主，也提供加入用咖啡果制成的咖啡糖浆饮品。

■地址：京都府京都市上京区春日町435青木大厦1层
■电话：075（703）0770
■营业时间：9点30分～18点
■休息日：无休
■面积：约3平方米
■客单价：700日元

33 北海道·札幌
欧尼扬玛咖啡和啤酒
（ONIYANMA COFFEE & BEER）

2016年4月在札幌商业街开业的咖啡馆。常备7～10种混合咖啡豆、自制精品咖啡，用罐装和啤酒杯两种方式提供的6种国内外精酿啤酒，还提供无添加食物和自制甜品，从白天开始就提供多种酒精饮料和下酒菜，客人可以在任何时候轻松光顾。

■地址：北海道札幌市中心区南1条西6丁目21-1 世纪大厦1层
■电话：011（207）5454
■营业时间：周一至周五8～22点，周日、节假日 11～18点
■休息日：不定休
■面积、座位数：约66平方米、20席
■客单价：700日元

34 岐阜·岐阜
咖啡馆和美发沙龙（CAFE
AND HAIR SALON re:verb）

兼有美发店，同样受到市中心人们的关注。咖啡师福井谅成在JCB比赛中进入过半决赛，在美发师朋友田口智大的邀请下开办了这家店。用世界顶级的机器制作精品咖啡，有手冲和浓缩两种。

■地址：岐阜县岐阜市神田町6-3 mtech神田町大厦1层
■电话：058（338）2049
■营业时间：9～22点
■休息日：周二
■面积、座位数：约66平方米、22席
■客单价：750日元

35 东京·吉祥寺
点燃咖啡（LIGHT UP COFFEE）

店铺的概念是"通过美味的咖啡点亮生活"，2014年7月在东京吉祥寺开业的自制烘焙咖啡馆。将咖啡当作农作物，享受不同产地和农民培育出的原材料，烘焙时重视原材料的味道。除了吉祥寺店，还有下北泽店、涉谷店等总计3家店铺。

■地址：东京都武藏野市吉祥寺本町4-13-15
■电话：0422（27）2094
■营业时间：10～20点
■休息日：无休
■座位数：11席
■客单价：800日元

36 东京·中目黑
法康咖啡（CAFÉ FACON）

2008年开业的自制烘焙精品咖啡专卖店，常备30种混合及单品咖啡豆，提供尼龙滤布过滤的咖啡。为了让客人体会到精品咖啡的酸味，开发出了"冰欧蕾咖啡""月心"等改良咖啡，抓住了很多客人的心。

■地址：东京都目黑区上目黑3-8-3 千阳中目黑大厦ANNEX 3层
■电话：03（3716）8338
■营业时间：10～22点
■休息日：不定休
■面积、座位数：约60平方米，店内35席、露台4席
■客单价：1000日元

37　福冈·福冈
福冈咖啡县
（COFFEE COUNTY Fukuoka）

店主每年都会前往南美洲和东非挑选和采购咖啡豆，店里的所有咖啡豆都具有独特的个性，店主希望客人能直接感受到农民栽培咖啡时倾注的热情和爱意，几乎没有混合咖啡豆。烘焙后豆子的个性更加突出，以浅烘焙至中烘焙为主。2016年9月开业的福冈店为咖啡吧和商店。

■地址：福冈县福冈市中央区高砂1-21-21
■电话：092（753）8321
■营业时间：11～19点30分
■休息日：周三
■面积、座位数：约66平方米、15席
■客单价：咖啡600日元

38　福冈·福冈
暖咖啡（BASKING COFFEE）

2013年开业，如今已经成为福冈咖啡街的人气店铺，是精品咖啡专卖店。店主兼烘焙师榎原圭太重视咖啡豆的个性，不拘泥于浅烘焙和深烘焙的概念，会亲自前往产地进货。点咖啡时可以选择萃取方式和咖啡豆。

■地址：福冈县福冈市东区千早4-10-1 LINN GROVE 1层
■电话：092（682）5515
■营业时间：10～19点，周五、周六10～22点
■休息日：周四
■面积、座位数：约33平方米、12席
■客单价：咖啡豆1500日元，咖啡380日元

39　东京·日比谷
星巴克咖啡 东京中城日比谷店（スタ
ーブックスコーヒー　東京ミッドタウン日比谷店）

2018年3月开业，位于大型商业设施"东京中城日比谷店"中，是星巴克甄选店，客人既能在"星巴克经典吧"享用普通饮品，也能在"星巴克甄选吧"享用知识丰富的咖啡师冲泡的特别饮品。丰富多彩的改良咖啡也是魅力之一。

■地址：东京都千代田区有乐町1-1-4 东京中城日比谷店地下1层
■电话：03（5157）0370
■营业时间：7～23点
■休息日：根据东京中城日比谷店营业时间
■座位数：107席

40　东京·椎名町
圣多斯咖啡 椎名町公园前店
（SANTOS COFFEE 椎名町公园前店）

2015年12月在住宅区公园前开业。店铺中可以进行烘焙，不提供轻食，只提供饮品的自制烘焙咖啡小店。提供两种滴滤咖啡，4种冰咖啡和浓缩咖啡。单品咖啡加160日元可以得到"浓缩咖啡套餐"，颇受好评。

■地址：东京都丰岛区南长崎1-24-4
■电话：03（6379）3721
■营业时间：10～19点
■休息日：周一
■面积、座位数：约23平方米、10席
■客单价：500～600日元

41 山口·下关

咖啡烘焙师（CRAFTSMAN COFFEE ROASTERS）

2016年开业，目标是成为当地的人气店铺，长时间受到当地居民的欢迎。店主是大学时期的朋友，开业时，大家的咖啡知识几乎为零，但他们不拘泥于常规，在自学过程中不断挑战。以中烘焙为主，突出咖啡豆自身的特点，同时从事批发，很受欢迎，现在有两家店铺。

- ■地址：山口县下关市山之田本町7-5 1F
- ■电话：083（242）2016
- ■营业时间：11~19点，周末9~18点
- ■休息日：周四
- ■面积、座位数：约50平方米、18席
- ■客单价：1500日元

42 爱知·名古屋

咖啡与浓缩咖啡（OVER COFFEE and Espresso）

为了让客人能品尝到高品质的精品咖啡，提供从多个烘焙所精选出的咖啡豆。爱知县津岛市总店回头客众多，2018年在名古屋市内开了2号店。主要提供浓缩咖啡，所有咖啡豆都是精品咖啡，在这里可以一边和朋友聊天一边轻松享用浓缩咖啡，是当地优秀的社交场所。

- ■地址：爱知县名古屋市热田区金山町1-11-6 加藤大厦2层
- ■电话：052（211）7078
- ■营业时间：11~23点
- ■休息日：周三，每月的第一个周四
- ■面积、座位数：约23平方米，吧台6席、卡座3桌
- ■客单价：900日元

43 京都·元田中

咖啡烘焙所 旅之音（コーヒー焙煎所 旅の音）

2017年2月"咖啡烘焙所 旅之音"在元美术学校的画室开业。采用"咖啡烘焙所"的概念，希望客人能享受到不同产地和品种的咖啡香味，提供6种原创单品冰咖啡以及改良冰咖啡"欧蕾咖啡·岛"。

- ■地址：京都府京都市左京区田中东春菜町30-3 THE SITE 北栋A
- ■电话：075（703）0770
- ■营业时间：11~19点
- ■休息日：周一
- ■面积、座位数：约50平方米、17席
- ■客单价：1000~1300日元

44 大阪·南堀江

咖啡咖啡咖啡（THE COFFEE COFFEE COFFEE）

2016年9月开业，位于大阪南堀江的精品咖啡烘焙专卖店。在这里可以享用到自制烘焙的原创混合咖啡以及世界各地的咖啡。冰咖啡从偏苦的品种到味道清爽的品种都有，每杯单独萃取，迅速冷却后提供。除了冰咖啡之外，还提供用咖啡果冻和咖啡冰激凌制作的改良咖啡。

- ■地址：大阪府大阪市西区南堀江3-1-23 伊势村大厦1层
- ■电话：06（7713）1533
- ■营业时间：10~19点
- ■休息日：周四
- ■面积、座位数：约36平方米，吧台6席、卡座2席
- ■客单价：800日元

45 东京·涩谷
烘焙咖啡实验室
（Roasted coffee laboratory）

2016年6月开业，"烘焙师和咖啡师为了提供更美味的咖啡，每天都在不断研究的实验室"。烘焙所与店面仅有一块玻璃之隔，客人可以一边享用美食一边参观。会定期更换多种咖啡豆，魅力在于客人可以根据心情和爱好选择萃取方式，比如蒸汽萃取或手冲。

- ■地址：东京都涩谷区神南1-6-3 1层
- ■电话：03（5428）3658
- ■营业时间：9~20点，周末、节假日 11~20点
- ■休息日：不定休
- ■面积、座位数：约60平方米、73席（包括露台）
- ■客单价：400~1000日元

46 福冈·六本松
萨雷多咖啡（Saredo Coffee）

烘焙师兼咖啡师权藤恒一于2013年6月开办的一家自制烘焙精品咖啡专卖店，目标是打造一家"日常生活中可以轻松前往的咖啡屋"。近年来随着城市开发，附近建起了住宅区，附近的上班族、年轻一代客人成为了目标客户。提供尼龙滤布过滤的深烘焙冰咖啡和改良冰咖啡。

- ■地址：福冈县福冈市中央区六本松3-11-33 estate大厦101
- ■电话：092（791）1313
- ■营业时间：11~20点
- ■休息日：周三
- ■面积、座位数：约43平方米、12席
- ■客单价：咖啡豆1000日元，咖啡600日元

47 东京·二子玉川
顺其自然咖啡（Let It Be Coffee）

2018年2月在东京二子玉川开业的咖啡馆。店主是宫崎夫妇，以"展现原有的样子，顺其自然"的理念为咖啡店命名。和喜欢的人在喜欢的时候做喜欢的事，和有缘的烘焙师、生产者和作家一起打造这家店铺。用正宗的咖啡和原创轻食、甜品吸引客人。

- ■地址：东京都世田谷区玉川3-23-25 beans二子玉川102
- ■营业时间：11~20点
- ■休息日：周三
- ■面积、座位数：约30平方米、10席

48 东京·小金井
智者咖啡（WISE MAN COFFEE）

木山岳大先生在澳大利亚和加拿大积累了做咖啡师的经验后，于2017年6月开办了这家烘焙咖啡馆。在让人身心放松的空间中，客人可以轻松享用以浓缩咖啡为主的饮品，以及搭配咖啡的轻食。虽然位于住宅区，距离车站较远，不过平日里有不少20~40岁的当地女性客人光临，周末则有专程赶来的客人。

- ■地址：东京都小金井市前原町1-14-3
- ■电话：042（407）6842
- ■营业时间：10~18点
- ■休息日：周五
- ■面积、座位数：约50平方米、12席
- ■客单价：800日元

49 东京·代官山
法康咖啡烘焙工作室
（CAFÉ FACON ROASTER ATELIER）

2014年在代官山开业，是中目黑"法康咖啡"的姐妹店。这是一家烘焙咖啡馆，一层设有烘焙所，二层的浓缩咖啡机用来萃取咖啡，三层的堂食区可以享用咖啡。饮品以浓缩咖啡为主。附近设有"法康咖啡站"。

- ■地址：东京都涩谷区代官山町10-1
- ■电话：03（6416）5858
- ■营业时间：10~19点
- ■休息日：不定休
- ■面积、座位数：约70平方米、10席
- ■客单价：1100~1200日元

50 大阪·南船场
诺普（Knopp）

2013年开业的"鸡尾酒咖啡馆"，以用精品咖啡和水果、香草制作的鸡尾酒式饮品为主。店主家田奈央曾在SCAJ主办的鸡尾酒大会"JCIGSC2018"上取得亚军，在店里客人可以享用到他创作的饮品和鸡尾酒。

- ■地址：大阪府大阪市中央区南船场1-12-27
- ■电话：06（6227）8111
- ■营业时间：11点30分~23点
- ■休息日：周日
- ■面积、座位数：约70平方米、30席
- ■客单价：白天900日元、晚上1500日元

图书在版编目（CIP）数据

创意人气冰咖啡123款 / 日本旭屋出版CAFERES编辑部编著；佟凡译. —北京：中国轻工业出版社，2023.3

ISBN 978-7-5184-3839-6

Ⅰ. ①创… Ⅱ. ①日… ②佟… Ⅲ. ①咖啡—配制 Ⅳ. ① TS273.4

中国版本图书馆CIP数据核字（2022）第002930号

责任编辑：胡　佳　　责任终审：劳国强
整体设计：锋尚设计　　责任校对：宋绿叶　　责任监印：张京华

出版发行：中国轻工业出版社（北京东长安街6号，邮编：100740）

印　　刷：北京博海升彩色印刷有限公司

经　　销：各地新华书店

版　　次：2023年3月第1版第2次印刷

开　　本：710×1000　1/16　印张：10

字　　数：200千字

书　　号：ISBN 978-7-5184-3839-6　定价：68.00元

邮购电话：010-65241695

发行电话：010-85119835　传真：85113293

网　　址：http://www.chlip.com.cn

Email：club@chlip.com.cn

如发现图书残缺请与我社邮购联系调换

230325S1C102ZYW